U0149403

土工格室工程性状及应用

杨晓华　钱德成　谢永利　著

科学出版社

北京

内 容 简 介

本书系统地介绍了土工格室材料性能、测试方法及技术标准,深入研究了土工格室工程特性及相关设计理论。书中对比分析了素土与土工格室结构层的变形模量、回弹模量的差异,得出地基的承载力;比较了在不同地基土类型下,应用不同结构类型的土工格室在不同压实度下的承载力、变形模量和回弹模量;测试了不同形式的土工格室加筋层和未加筋层之间黏聚力和内摩擦角的变化,得出土工格室结构层强度及变化规律;测试了土工格室结构层在拉伸作用下格室片材的应变及结构层的抗拉强度和拉伸模量;详细分析了在软弱地基加固、路基边坡支挡与防护、路桥过渡段路基差异沉降控制工程中的作用机理,并给出了结构形式、设计计算方法、施工工艺、质量控制标准及具体的工程实例。

本书可供土木工程相关领域的科研、设计与施工人员参考,也可供高等院校道路与铁道工程、岩土工程专业师生阅读。

图书在版编目(CIP)数据

土工格室工程性状及应用/杨晓华,钱德成,谢永利著. —北京:科学出版社,2020.10
　　ISBN 978-7-03-060170-4

　　Ⅰ.①土⋯　Ⅱ.①杨⋯　②钱⋯　③谢⋯　Ⅲ.①建筑材料-研究　Ⅳ.①TU5

中国版本图书馆 CIP 数据核字(2018)第 293611 号

责任编辑:周　炜　乔丽维 / 责任校对:王萌萌
责任印制:吴兆东 / 封面设计:陈　敬

科 学 出 版 社 出版
北京东黄城根北街 16 号
邮政编码:100717
http://www.sciencep.com

北京捷迅佳彩印刷有限公司 印刷
科学出版社发行　各地新华书店经销

＊

2020 年 10 月第　一　版　开本:720×1000　1/16
2020 年 10 月第一次印刷　印张:15 3/4
字数:315 000
定价:118.00 元
(如有印装质量问题,我社负责调换)

前　言

土工格室属于特种土工合成材料，具有蜂窝状的三维结构，使用时张开并填充土石等材料，构成具有强大侧向限制和大刚度的结构体，已在公路、铁路、水利等工程领域得到广泛应用。但是，由于现有相关土工合成材料应用的工程设计与施工规范未包括土工格室部分的内容，极大地制约着这一材料在土木工程领域的推广应用。因此，很有必要开展相关的研究工作。

自 1994 年以来，作者及其研究团队在土工格室材料性能、土工格室结构体工程性状及相关工程设计理论和施工工艺等方面进行了系统的试验研究。同时，在陕西、甘肃、青海、新疆、四川、云南、广东、广西、福建、江西、安徽、山东、河南、河北、山西、内蒙古 16 个省（自治区）成功地进行了工程应用，获取了大量的原始数据和珍贵资料，积累了一定的工程实践经验，可以说本书是作者及其研究团队二十余年研究成果的总结和提炼。希望本书对土工合成材料的应用设计与施工规范的修订和完善以及土工格室在我国土木工程领域的推广应用起到积极作用。

本书通过系统的室内试验、理论分析、数值模拟和工程实例分析，全面系统地研究土工格室材料特性、土工格室工程应用设计理论、土工格室结构体工程特性。主要内容包括：通过承载板试验，对比素土与土工格室结构层的变形模量、回弹模量的差异，得出地基的承载力，同时比较在不同地基土类型下，应用不同填料、不同高度和不同焊距格室在不同压实度下的承载力及变形模量和回弹模量；通过足尺模型直剪试验，测试不同填料、不同剪切面、不同焊距的土工格室加筋层和未加筋层之间黏聚力和内摩擦角的变化，通过三轴剪切试验，研究土工格室结构层强度及变化规律；通过在土工格室的内壁粘贴应变片，应用自制模型测试土工格室结构层在拉伸作用下格室片材的应变及土工格室结构层的抗拉强度和拉伸模量；基于 Winkle 弹性地基梁理论，推导出土工格室结构层加固后的承载力计算公式。最后结合室内试验、理论分析，对软弱地基加固、路基边坡支挡与防护、路桥过渡段路基差异沉降控制技术进行工程性状数值仿真分析，总结出它们的设计方法与施工工艺，并通过工程实例验证其工程适用性。

本书由杨晓华、钱德成、谢永利撰写。其中，第 1 章、第 6 章～第 9 章由杨晓华撰写，第 2 章由钱德成撰写，第 3 章～第 5 章由谢永利、杨晓华撰写。全书由杨晓华统稿。博士研究生赵鑫、刘大鹏参与了本书的整理、图表绘制工作。

在本书所涉及的科研项目研究过程中，甘肃省交通运输厅杨惠林、牛思胜教授级高级工程师，西安铁路科学技术研究所计雅筠、许新桩高级工程师，中国石化燕山石化公司树脂应用研究所李涛、李彦东、许振虎、李炎天高级工程师,长安大学博士研究生冯瑞玲、俞永华、屈战辉和硕士研究生傅舰峰、吕东旭、王陆平、顾良军、李新伟、鲁志方、李凌姜、王业涛、许伟强、鲁志新等参与了大量的研究工作,在此表示衷心的感谢。

本书的研究内容得到西部交通建设科技项目"湿陷性黄土地区路基路面病害处治技术研究"(2001 318 000 19)和"路桥过渡段路基修筑技术"(2001 318 812 59)、晋中市交通科技项目"土工格室柔性结构体系应用技术研究"、四川攀西高速公路开发股份有限公司项目"攀田高速公路桥台柔性搭板与边坡柔性防护试验"、厦门市公路局科研项目"土工格室生态挡墙应用技术研究"、陕西西汉高速公路有限责任公司项目"西汉高速公路膨胀土路基稳定及处治技术"的资助。

限于作者水平,书中难免存在不足之处,敬请读者批评指正。

目　　录

第1章 绪 论

1.1 概 述

土工合成材料(geosynthetics)是以人工合成的聚合物为原料制成的应用于岩土工程的各种产品,是岩土工程中应用的合成材料的总称,其可置于岩土及其他工程结构内部、表面或各结构层之间,是一种具有加强、保护岩土或其他结构功能的工程材料[1]。它的品种繁多,可以由不同的聚合物原材料生产,并可以按照使用目的制成各种各样的结构形式。土工合成材料可分为四类[2~6]:第一类是土工织物,它是一种透水性土工合成材料,按制造方法不同,又可分为织造土工织物和非织造(无纺)土工织物;第二类是土工膜,它是由聚合物或沥青制成的一种相对不透水薄膜;第三类是土工复合材料,它是由两种或两种以上材料复合而成的土工合成材料,如土工织物和土工膜、土工织物和土工网以及土工织物和黏土的复合等;第四类是土工特种材料,它也是用合成材料采用塑料工业生产方式制成的产物,包括土工格栅、土工带、土工格室、土工网、土工模袋、土工网垫、土工织物膨润土垫(geosynthetic clay liner,GCL)、聚苯乙烯板块(expanded polystyrene board,EPB)等。

土工合成材料在土木、水利、交通、铁道和环境工程中得到了广泛的应用,主要起反滤及排水、防渗、加筋和防护等作用[3,7~11]。反滤是使液体通过的同时,保持受渗透压力作用的土粒不流失,可根据工程反滤、排水需要合理选用土工织物、土工复合材料和土工管等,主要应用于以下工程:①铁路、公路反滤,排水设施,挡墙后排水系统;②岸墙后填土排水系统;③隧洞、隧道衬砌后排水系统;④土石坝过渡层,灰坝、尾矿坝反滤层;⑤防渗铺盖下排气、排水系统;⑥农田水利工程、减压井、农用井等外包体;⑦地基处理塑料排水带预压工程。防渗所选用的土工合成材料包括土工膜、复合土工膜、土工织物膨润土垫及复合防水材料,主要应用于以下工程:①土石坝、堆石坝、砌石坝和碾压混凝土坝;②堤、坝前水平防渗铺盖,地基垂直防渗层;③尾矿坝、污水库坝身及库区;④施工围堰;⑤渠道、储液池(坑、塘);⑥废料场;⑦地铁、地下室和隧道、隧洞防渗衬砌;⑧路基;⑨路基及其他地基盐渍化防治;⑩膨胀土和湿陷性黄土的防水层;⑪屋面防漏。用作加筋的土工合成材料可选用土工格栅、织造型土工织物和土工带等,主要用于加筋土挡墙、加筋土垫层、加筋土坡等。用作防护的土工合成材料可选用土工织物、土工膜、土工格栅、土工网、土工模袋、土工格室、土工网垫及聚苯乙烯板块等,主要应用于以下工程:①江、河、湖、海和渠道、储液池护坡、护底;②水下结构基础防冲;③道路边坡防冲;④涵闸工程护底;⑤泥石流和悬崖侧建筑物障墙防冲;⑥应急防汛措施;⑦沙漠地区砂篱滞砂和固砂;⑧军工弹药库防爆;⑨严寒地区防冻措施;⑩道路防止盐渍化措施;⑪边坡土钉加固等。

在我国,以天然植物纤维或将其与土、石等材料混合用于土木建筑工程的历史可以追溯到五六千年之前[3]。在国外,3000多年前古巴比伦就曾使用土中加筋技术修建过庙塔[12~15]。因此,人们关于用植物加筋方法改善土的性能的观念早已有之,而且已积累了许多成功的经验。但是植物纤维易腐烂、不耐久和资源有限的缺点,难以满足现代建筑物的各种要求。同时,从今天保护环境的观点来看,在土木建筑工程中使用植物纤维也是不可取的。合成材料的发明和应用为人们建设大型、高级和特殊结构物开辟了广阔的空间,从目前应用合成材料产品的广度和深度来看,它们已成为各类土木工程中不可或缺的工程材料。

合成纤维在土木工程中的正式应用始于20世纪50年代[16]。现已考证,土力学的奠基者Terzaghi当时用滤层布(土工织物)作为柔性结构物结合水泥灌浆封闭Mission坝(Mission坝位于加拿大,现已改称为太沙基坝)岩石坝肩与钢板桩间隙[17~19]。在同一工程中用池垫(土工膜)防止上游黏土铺盖脱水。不同的资料显示,土工合成材料的应用历史可能更早,例如,20世纪30年代,美国已将塑料布用到游泳池的防漏措施之中。到50年代,美国、苏联、印度等国家开始在渠道表层铺设土工膜作为防渗措施,1963年,荷兰采用聚乙烯土工膜作为一个占地50hm²的小型水库的防渗措施[2]。

第一次用织物加筋道路的尝试是由美国Carolina高速公路部门在1926年完成的[20],具体做法是在基层布置一层厚棉布,布上涂热沥青,在沥青上铺一层薄砂。1935年,该部门公布的八个试验段的结果表明,直到织物被破坏,路面情况仍保持良好。织物的应用使路面的裂纹减少并将出现问题的地方控制在局部,虽然用的不是聚合物材料,但其应用原理沿用至今。

土工织物首先应用在荷兰的堵口工程中,荷兰西南部的大风和海潮泛滥成灾,损失严重[21,22]。在修复治理工作中,为了保护滩地不受水流冲刷的危害,1957年首次采用人工编织的土工织物垫层,同时还采用尼龙袋充填砂土作为压重[23]。1958年,美国在佛罗里达州大西洋海岸的护岸工程中,首先采用有纺织物代替传统的砂砾石滤层[5]。1968年,法国首先生产无纺(非织造)土工织物,并在1970年首次用于法国的堤坝工程建设中,以无纺织物包裹坝下游集水管中的粗粒材料,起到反滤作用[24~26]。1971年首次出现土工织物片状排水体,将其铺设在堤坝的底部起加筋作用[27]。1972年,在临时性道路建筑中首次采用土工织物隔离地基土与粗粒填料[28,29]。

以上这些自创性的土工合成材料的成功应用,配合生产上的发展和技术上的改进,极大地推动了土工合成材料的全面应用。随着土工合成材料的应用发展,1977 年在法国巴黎召开了第一届国际土工合成材料学术会议,2014 年在德国柏林召开的国际土工合成材料学术会议已是第十届[30~32]。从 1980 年美国学者 Koerner 关于土工合成材料的第一本专著问世,至 1998 年已出版第 4 版。1983 年,国际土工织物学会(International Geosynthetics Society,IGS)成立[33]。其后,出现了一些关于土工合成材料的期刊、杂志等,这些都标志着土工合成材料已作为一种新材料在岩土工程等领域确立了自己的地位。与此同时,各机构,如国际标准化组织(International Organization for Standardization,ISO)、美国材料与试验协会(American Society for Testing and Materials,ASTM)、英国标准协会(British Standards Institution,BSI)、法国标准(Norme Francaise,NF)、德国标准化主管机关(Deutsches Institut für Normung e.V.,DIN)、日本工业标准(Japanese Industrial Standards,JIS)和澳大利亚国家标准(Standard Australian,AS)等[34~37],开始制定和不断补充关于土工合成材料试验和应用的标准。

土工合成材料在我国的应用可以追溯到 20 世纪 60 年代,北京市东北旺农场南干渠使用聚氯乙烯土工膜防渗[38,39]。有纺织物首次应用的成功实例是在 1974 年江苏省江都县嘶马长江的护岸工程,该工程采用聚丙烯编织布、聚氯乙烯绳网和混凝土块组成整体沉排,防止河床冲刷。无纺织物作为隔离材料在 1981 年被铁路部门首先应用于防治基床"翻浆冒泥"现象,无纺织物作为反滤材料在 1984 年首次成功地应用于云南省麦子河大坝工程上。1983 年,铁路部门在广茂铁路路基中第一次采用了土工织物铺设在软土地基表面,增加了路堤的稳定性[1,2]。

1984 年,我国成立了土工织物科技情报协作网,不久有关产品测试和工程应用的手册相继问世。1994 年土工织物科技情报协作网正式改名为中国土工合成材料工程协会。1985 年在天津召开了我国第一届土工格栅学术交流会,2012 年在天津召开了第八届全国土工合成材料学术会议。在 1998 年我国的抗洪抢险中,土工合成材料发挥了很大的作用,并得到政府的大力推广,其后出现了不少相关示范工程、规范和专著,对土工合成材料的应用和研究起到了很大的促进作用[3,40~42]。

1.2　土工格室的发展及应用现状

1.2.1　土工格室的发展

土工格室(图 1.1)属于特种土工合成材料,具有蜂窝状的三维结构,一般由土工织物(geotexile)、土工格栅(geogrid)、土工膜(geomembrane)、条带聚合物(polymer strip)等构成。它伸缩自如,运输方便,使用时张开并充填土石或混凝土料,构成具有强大侧向限制和大刚度的结构体。

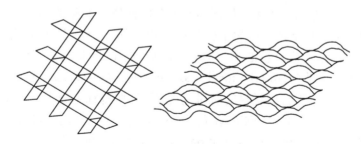

图 1.1　土工格室示意图

　　虽然土工格室可由多种合成材料制成,但最常用的主要有两类:一类是由土工格栅装配构成的土工格室,该类土工格室大多在工程现场用连接螺栓或高强度的合成材料[如高密度聚乙烯(high-density polyethylene,HDPE)]绳将土工格栅装配合成。可根据使用目的的不同,用不同强度和不同材料的土工格栅构成不同规格、不同高度和不同强度的土工格室,一般用于坡面防护和冲刷防护,有时也可用于基础垫层,格室高度一般比较大。另一类是由高强度条带聚合物构成的土工格室,该类土工格室主要由高强度的 HDPE 条带经过超声波强力焊接而成,格室高度一般不超过 20cm,根据应用场合的不同,其规格可以按照设计来进行生产。由于条带聚合物以及焊接均具有较高的强度,此类土工格室具有很强的侧向限制作用,主要应用于坡面防护、冲刷防护、边坡稳定、层状承重结构等工程领域。

　　土工格室最早是由法国路桥实验室研制的,20 世纪 80 年代初以"Armater"命名推出其产品[43,44];1982 年,英国 Netlon 公司也提出了类似的想法,生产了一种由土工格栅构成的土工格室。美国工程兵师团和普利斯德公司合作研制了一种土工格室(geoweb cellular confinement system,GeoWeb),并对三维结构的土工格室进行了性能研究与野外现场试验,主要用于沙漠和滩涂的军事演习[45]。GeoWeb 现在已形成了不同规格的系列产品,并被广泛应用于防护工程、铁路基床、道床、场地基层和面层、各种临时道路等多种工程领域。同时,格室的表面特性和颜色也有了很大的发展变化,格室材料表面从光滑发展到布纹式和开孔式,可以适用于更细的填料。材料的颜色有黑色、绿色、黄褐色等多种,能够很好地与周围环境相融合。加拿大皇家军事学院采用中密砂和松散砂对土工格室进行了类比试验,结果表明,加土工格室的土体应力-应变关系有明显的提升,强度包线也有明显提高,其黏聚力可达 156~190kPa,但内摩擦角变化不大。此后,英国桑德兰学院,美国佛罗里达大学、马里兰大学、弗吉尼亚理工大学、俄克拉荷马大学,印度马德拉斯技术研究院相继完成了进一步的现场试验和土工格室充填土的室内试验。英国在其东海岸沿线铁路、美国在得克萨斯州一货车场率先应用土工格室对软土地基进行加固处理,取得了良好的效果[46,47]。

我国对土工格室的应用和研究始于 20 世纪 90 年代初,主要集中在条带聚合物土工格室。对于土工格栅装配起来的土工格室,铁路部门曾做过少量的应用研究,主要用于坡面防护。1993 年开始生产的土工格室产品均为网格状结构,由 HDPE 或者改性共聚丙烯条带经超声波强力焊接而成,其构造和技术参数与 GeoWeb 接近[48,49]。目前我国对土工格室进行了试验性的应用和研究,取得了一些经验和成果。随着我国基础建设的逐渐加大,我国对土工格室及其加固技术的研究也逐渐深入[50~53]。

1.2.2 土工格室的应用现状

目前土工格室已经广泛应用于土木工程的各个领域,并取得了良好的社会效益和经济效益[54~56]。它既可用于加固软土地基,又可用于边坡防护、挡墙,还可用于河道治理、堤坝工程、城市排水道支撑工程等。在土木工程领域中主要应用于以下几个方面[57~60]:

(1)加固软土地基。将土工格室铺设于软土地基之上,其格室间填入颗粒排水材料(如碎石或砂砾),可以形成稳定的垫层结构,有效地限制填料的横向移动,分散上部荷载应力,加速软土排水固结,减少路基不均匀沉降。

(2)挡墙及路堤边坡防护。没有防护的坡面会因雨水或水流冲刷出现潜蚀或坍塌,铺设土工格室后,由于格室的约束,控制了坡面的局部坍塌,且水流可以从格室侧壁特设的孔眼中排出,或经特设的土工复合排水体排出,避免形成暗流。格室侧壁的孔眼大小和数量依据格室填料的种类不同而不同。土工格室用于路堤边坡防护,形成高弹性坚固的坡面,可直接在格室间填土、植草绿化,有利于水土保持,可获得理想的绿化效果,具有不可估量的环保价值。与砌石防护相比,这种方法可节省造价约 50%。铺设土工格室的坡面,水流受到格室及其填料的限制,有效地遏制了水流的冲刷作用,显著减缓水流流速,避免坡面径流的形成。另外,土工格室因具有整体性和一定的柔性,极大地弥补了片石骨架防护具有的松动、塌陷、架空等缺陷,且施工快捷、造价低,是一种理想的护坡用土工合成材料。

(3)铁路路基。将土工格室设置于道床底部(基床顶部),可改善路基的承载特性,使荷载传递至格室下土体的应力减小,因而土体的变形也减小。在铁路路基铺设土工格室施工时,通常情况下,其基床软土的挖除深度只需相当于格室的高度部分即可,也无需加深侧沟,可使软土的挖除量减少,施工难度显著降低,缩短工期、节省投资。

(4)高速公路、堆场、仓库地面地基处理。在软土地基上修建高速公路时,采用砂石置换软土层的地基处理方法容易产生沉降变形,且投资大、工期长,改用土工格室处理地基,不仅改善了路面的承载性能,而且可大大减轻劳动强度,减少路基厚度,从而降低成本。同理,土工格室可用于处理堆场地基、仓库地基及其他需进行浅层处理的地基。

(5)沙漠地区筑路。由于探矿、采油等工作需要,常需在沙漠地区筑路,沙漠中的地基往往比较松软,且荒无人烟,常用筑路材料匮乏,因此筑路困难,成本很高。使用土工格室可解决这一难题。先将土工格室拉开,直接固定在沙基上,然后就地取材填入砂石,操作简单、效率极高。施工后的路面可满足各种重型卡车长期使用。

(6)管道或下水管的支撑结构。土工格室可替代石料作为管道或下水管的支撑结构,格室填料可就地取材,形成坚固耐久的整体板块结构,土工格室具有一定的刚度,可减少管道的长期微量下沉,对长距离大型运输管道,特别是在缺乏石料的地区使用,更为经济实用。

(7)潮间带道路。海滩潮间带筑路费工费料,是一项移山填海式大型工程,而采用土工格室联合土工织物的方法变得轻而易举。先将无纺土工织物平铺在海滩上,再在织物上设置土工格室,展开、固定后,在格室中置入砂石料,经压实形成一条永久性的道路。即使潮水淹没,也不影响道路的强度、施工,并可按常规方法完成面层施工。

1.3　土工格室的命名

土工格室是由长条形的塑料片材通过超声波焊接等方法连接而成,展开后呈蜂窝状的立体网格。单组塑料土工格室示意图如图1.2所示。

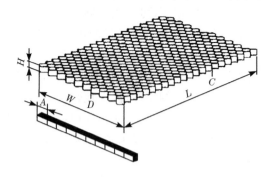

图1.2　单组塑料土工格室示意图

A-焊接距离;C-格室间格室片的边缘连接处;D-格室间格室片的中间连接处;
H-格室高度;L-单组格室展开后的长度;W-单组格室展开后的宽度

塑料土工格室产品根据使用的塑料材料以及格室高度(H)、格室片厚度(T)

及焊接距离(A)进行分类和命名。塑料土工格室的命名模式为：土工格室代号→塑料材料的缩写代号→格室高度(H)→焊接距离(A)→格室片厚度(T)。

　　土工格室代号用土工立体格室汉语拼音的字头 TGLG 表示。格室使用的塑料材料的缩写代号按 GB/T 1844.1—2008《塑料　符号和缩略语　第 1 部分：基础聚合物及其特征性能》的规定，聚丙烯（polypropylene）为 PP，聚乙烯（polyethylene）为 PE。格室高度(H)、焊接距离(A)及格室片厚度(T)均为尺寸的标称值，单位为 mm。

　　产品命名示例：某种塑料土工格室（TGLG）以聚丙烯（PP）为主要原料，其格室高度(H)为 100mm，焊接距离(A)为 340mm，格室片厚度(T)为 1.2mm，其命名示意图如图 1.3 所示。

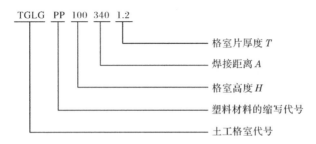

图 1.3　土工格室命名示意图（单位：mm）

1.4　土工格室在道路工程中的应用

　　20 世纪 90 年代末，土工格室的应用逐渐进入公路建设领域中，其主要应用于以下方面。

1.4.1　软弱地基加固

　　在软弱地基上铺设土工格室垫层后，当荷载施加到填充填料的土工格室结构层上时，由于格室的侧限作用和格室与填料间的相互摩擦，大部分垂直力转化为向四周分散的侧向力，因为每个格室彼此独立，相邻格室的这些侧向力大小相等、方向相反而互相抵消，从而降低了地基的实际负荷。另外，格室的侧限作用对基层滑动面的形成和发展有一定的控制作用，使地基的破坏向深层发展，因而地基承载力得以提高[61]。

　　1995 年 11 月，广州铁路集团公司在焦柳铁路 K856＋545～K856＋745 段基床下沉外挤病害整治中采用土工格室加固法进行病害整治，不到 5 个月轨面基本稳定，总体沉降 15mm，经过 1996 年、1997 年、1998 年三个雨季试验，维修部门反映,整治地段线路稳定,养护工作量减少,达到了病害整治的目的。

1996 年 8 月,上海铁路局在淮南铁路 K194+480～K196+690 段基床下沉外挤病害整治中采用土工格室进行加固处理。经现场实测,铺设土工格室与基床换填法相比,动应力沿深度衰减很大,在轨下多衰减 15%～25%,显著改善了基床的动应力分布,不仅整治效果良好,而且节省投资约 200 元/m。

1996 年 12 月,郑州铁路局在阳安铁路 K241+450～K241+550 段进行了软弱加固现场试验,根据方案比选,采用了土工格室加固技术进行加固处理。结果表明,土工格室可有效约束软弱基床的侧向位移和扩散应力,最大侧向位移减小 17%,最大竖向应力减小 9.3%,加固后基床允许承载力达 180kPa 以上,降低加固费用 6%～12%,加固地段六年累计沉降量平均值为 15.3mm,取得了良好效果。

1997 年南疆铁路西延工程中,为加固盐渍土软弱地基,使用土工格室作为加固材料,修建了一段路堤高 5m、底宽 12m、长 5km 的铁路,围绕该段铁路建设工程,铁道部第一勘测设计院、兰州铁道学院和中国石化燕山石化公司合作,开展了现场试验研究工作,解决了土工格室的连接问题,对处理地段进行长期沉降观测。结果表明,路堤整体处于稳定状态,工后沉降满足规范要求。

2000 年,长安大学与甘肃省交通厅合作,对巉柳高速公路土家湾隧道软黄土地基和尹中高速公路饱和黄土地基,采用土工格室进行了地基加固处理,结合实体工程,开展了一系列现场测试工作。结果表明,处理地段工后沉降不大于 15cm,且土压力分布趋于均匀,完全满足规范要求,达到了预期目的,取得了良好的处治效果。

在分析室内和现场试验结果及总结已有工程实践经验的基础上,湖南大学赵明华、长安大学谢永利和杨晓华给出了土工格室加固软基稳定性分析方法,初步推导了地基承载力计算公式[62]。西南交通大学刘俊彦和罗强、长安大学杨晓华和李新伟对土工格室加固地基的工程性状进行了有限元分析[63,64]。

1.4.2　路基边坡防护

土工格室用于路基边坡防护,一方面水流受到格室片材的限制,避免坡面径流的形成,减小冲刷作用;另一方面可直接在格室间填土、植草绿化,有利于水土保持、绿化环境。与砌石防护相比,该方法可节省造价约 50%[65～67]。

蓝烟铁路山前店站到龙盘山站之间,由于自然风化和人为因素,边坡病害频繁。病害类型表现为坡面冲蚀、表层溜坍和边坡坍滑。青岛铁路分局与西安铁路局科研所合作,经过技术方案比选决定采用土工格室对蓝烟铁路山前店站至龙盘山站段土质边坡进行加固防护。加固防护工程于 1995 年 8 月 20 日开工,1995 年 9 月 18 日竣工,共计加固边坡坡面 1660m²。加固后边坡经过了多个雨季的考验,目前坡面植物生长茂盛,边坡未产生坡面冲蚀和表层土体溜坍等病害现象,防护效果良好。工程实践证明,结合坡面种草,既可增强坡面土体的抗冲蚀能力,又能绿化环境,具有良好的环保效果。该防护方法施工工艺简单,施工进度快,劳动强度低,对行车干扰小,施工质量易于保证,并且造价低廉,具有较好的经济效益[68]。

杭州钱塘江二号大桥桥台边坡原采用种植灌木护坡,由于植物根系不足以抵御该地区降雨冲蚀,坡面布满了水流冲沟,严重影响了路基稳定。1998 年,上海铁路局采用土工格室护坡方法,结合植草对该边坡进行了防护。经过三个雨季的试验,证明防护效果良好。另外,吉林省交通科学研究所在长春绕城高速潘家店段采用土工格室结合植草方法对边坡进行防护,也达到了预期目的。京广铁路K1573+820～K1573+860 段隧道北口路堑边坡高 25～30m,坡度为 1:1,1995年 10 月广州铁路集团公司采用土工格室填充 C25 混凝土的方法,对该路堑边坡进行防护,在降雨量达 249mm/d 的情况下,边坡仍处于稳定状态,取得了良好效果。

在土工格室护坡稳定性分析和设计计算方面,武汉大学张季如给出了岩石边坡的稳定性分析计算模型[3],长安大学杨晓华给出了土质边坡设计与计算方法[3,50]。

2001 年,在黑龙江省肇源县松花江干流堤防王云成堤段修建了砂堤护坡新技术试验工程,该工程采用了土工格室碎石护坡和土工格室水泥混凝土板护坡技术。土工格室张拉开后,每个独立封闭的格室单元可以将土壤或碎石充填料挡护在格室内,避免被雨水冲走流失。同时每一个格室侧壁又起到层层挡护作用,可以显著减缓水流速度,避免坡面径流的形成,达到防护坡面的目的。土工格室碎石护坡试验段长 180m,护坡面积 1507.85m²,土工格室边框采用高强度焊接,呈连续网络状,用锚钉钢筋定位在堤坡上,呈连续网络状的格室在堤坡上形成稳定的框架结构,格室内部采用现浇混凝土板,由于格室边框的连锁作用,避免了由局部破坏而引起的大面积脱坡现象。同时因为不需要预制设备,可就地施工,且能达到连锁板块护坡功能。土工格室混凝土板护坡结构试验段长 200m,护坡面积1576.82m²。该砂堤护坡试验工程的设计是以工程措施和生态措施相结合为技术研究的指导思想。采用土工格室,不需要大型施工设备,施工方法因地制宜,简单易行,收到了预期设计效果。十几年来,试验段工程除了有个别焊点裂开外,其他部分均完好无损。同时土工格室混凝土板护坡结构与传统混凝土护坡结构相比,每平方米可降低工程造价 10% 左右。而且在坡面板块连接方面和抗冻胀变形能力方面,弥补了由单一混凝土板护坡易冻胀变形或易碎的不足。

1.4.3 路基支挡工程

采用土工格室建造挡墙,结构稳定性好,可防止陡坡表面被雨水冲蚀,与圬工墙体相比,造价降低 15%～30%。同时表面可种花草,美化环境[69,70]。1998 年,郑州铁路局西安科学技术研究所在宝中铁路某段采用焊距 80cm、高 20cm 的土工格室,修建了长 60m、高 2.5m、宽 1.5m 的路堤土工格室挡墙。柳州铁路局科学技术研究所在南昆铁路某段采用焊距 68cm、高 20cm 的土工格室,修建了长 100m、高 2m、宽 2m 的路堑土工格室挡墙,进行了将土工格室用于支挡工程的初步尝试[71~73]。

1.4.4　沙漠地区筑路

由于土工格室强大的侧限能力,对加固风积砂有独特的优势。1995 年,西安公路交通大学对土工格室加固风积砂进行了足尺模型试验和现场试验。研究结果表明,土工格室对风积砂具有良好的加固作用,对沙漠地区恶劣的客观条件也有较强的适应性,土工格室砂具有较强的宏观抗压回弹模量,在常用的土工格室规格范围内,其模量值在 210MPa 左右,比相应的风积砂填料高一倍以上[74,75]。

1.4.5　处理路桥过渡段跳车与填挖交界处不均匀沉降

将土工格室铺设在路桥过渡段,一端固定在桥台,另一端铺设在路基上。由于土工格室结构层起到了一个柔性搭板的作用,将沉降差异进行缓和过渡,是处理路桥过渡段跳车比较有效的方法。土工格室处理填挖交界处路基的不均匀沉降问题,其原理与处理路桥过渡段跳车异曲同工[76,77]。

2001 年,甘肃省交通厅与长安大学共同完成了路桥过渡段跳车治理的科研项目,在甘肃古浪—永昌高速公路全线桥头采用土工格室柔性搭板治理路桥过渡段跳车。由于全线粉性土、砂性土居多,使用了焊距 40cm、高 10cm 的土工格室,每个桥头处理面积为 600~800m²,造价为 26~30 元/m²。使用土工格室可省去大量灰土和砂砾及平面土工格栅,工程造价与常规方法处理路桥过渡段跳车的造价相当,但效果和使用寿命却成倍提高[78]。

基于模量过渡原理,长安大学分别对山西省太古高速公路(1999 年)、广州市北二环高速公路(2000 年)和甘肃省岷柳高速公路(2001 年)填挖交界处采用土工格室进行了处治,有效防止了路基不均匀沉降的发生,取得了较好的效果。根据经济比较分析,该方法比土工格栅加筋处理方法节省工程造价 10%~15%[79]。

第2章 土工格室材料性能

2.1 概 述

土工格室是一种具有独特立体网状结构的土工合成材料,主要有两类:一类是由土工格栅装配构成的土工格室;另一类是以改性聚烯烃为原材料经挤出成型分切,再由超声波焊接而成的土工格室。目前我国使用的土工格室基本上是改性聚烯烃片材经超声波焊接而成的产品[80~82]。该类土工格室的生产流程长、成型工序多、应用环境复杂多变,因此构成该产品的原材料及制成品应满足以下要求:

(1) 材料本身除具有较好的力学性能外,还需具有较好的耐低温、耐高温、耐酸碱腐蚀、耐霉变和抗老化性能。

(2) 为适应土工格室的制备工艺要求,还需具有较好的可焊接性。

(3) 整个网格体系强度需一致。

(4) 具有较好的组件连接功能,以保证土工格室整体强度的一致性。

目前我国实行的聚烯烃土工格室技术标准较低,在原材料选取、生产工艺流程上还没有统一标准,特别是在工程应用上还未制定出相应的技术规范,各研究和设计单位针对同一产品所检测出来的结果存在差异。造成差异的原因主要是试验方法不尽相同,极大地制约着土工格室在土木工程领域的推广应用。因此对土工格室材料性能的试验检测方法进行研究,确定其取值范围是十分必要的。

由于土工合成材料受使用环境和使用费用的限制,一般选用通用树脂材料做原料,如聚乙烯、聚丙烯、聚酯和聚苯乙烯等。在工程上使用的土工格室产品一般选用的材料是高密度聚乙烯和乙烯丙烯共聚的聚丙烯材料。

1. 聚乙烯

聚乙烯是世界产量最大的聚合物。它的高韧性、可塑性,优异的耐化学品性、低水汽透过性、非常低的吸水性及其易加工性,使各种不同密度级别的聚乙烯成为制取多种制品极有吸引力的选择。聚乙烯几乎是一个万能的聚合物,由于其共聚潜力几乎能制出无数种类的聚合物,其密度范围宽、分子量分布可变,可用来制作容器、薄膜、管子和其他制品。

聚乙烯完全由碳原子和氢原子构成,是结构最简单的碳链高分子,其能量最低的构象是全反式,分子链呈平面锯齿形,如图 2.1 所示,实测的晶胞中分子链方

向上的重复周期尺寸(等同周期)c值为 0.2534nm,这同由 C—C 键的键长
(0.154nm)和键角(109.5°)计算得到的隔开一个 CH_2 基团的两个碳原子之间的距
离 0.252nm 基本一致。

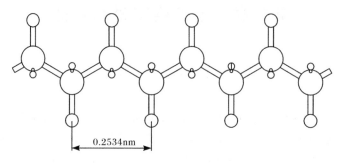

图 2.1　聚乙烯的基本构象图

　　不同种类的聚乙烯具有不同的热力学性能。聚乙烯通常是白色的半透明聚
合物,一般聚乙烯的密度为 0.91~0.97g/cm³,聚乙烯的密度受主链的形态所支
配,支链越少越可堆积成紧密规整的结晶结构。常使用的聚乙烯产品有极低密度
聚乙烯(very low density polyethylene,VLDPE)、低密度聚乙烯(low density
polyethylene,LDPE)、线型低密度聚乙烯(linear low density polyethylene,LL-
DPE)、HDPE 和超高分子量聚乙烯(ultra-high molecular weight polyethylene,
UHMWPE)。图 2.2 列出了它们在分子链构象上形象性的差别,这种差别决定了
它们的结晶度和分子量,从而也决定了聚合物的最终热力学性能。

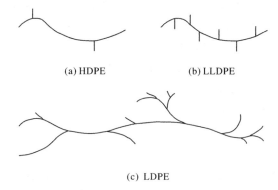

(a) HDPE　　　　(b) LLDPE

(c) LDPE

图 2.2　不同密度的聚乙烯分子链构象图

1) VLDPE

VLDPE 是 1985 年由 Union 碳化物公司提出的,它非常像 LLDPE,主要作薄
膜使用;VLDPE 密度级别是 0.880~0.912g/cm³。其性能特征是:高伸长率,良
好的耐环境应力开裂能力。

2）LDPE

LDPE 的高冲击强度、韧性和可延展性使之被优先选择做包装薄膜，包装薄膜是 LDPE 最大的应用，使用范围从收缩膜、自动包装膜、重包装袋到多层膜（层合膜和共挤出膜），做成多层膜时 LDPE 可以起密封层或水汽隔离层的作用。

3）HDPE

HDPE 是世界上产量最大的化学商品之一。HDPE 最常用的加工方法是吹塑成型，也可注塑成型。工业上最常用的聚合方法有两种：一是 Philips 催化剂（氧化铬）；二是 Ziegler-Natta 催化剂[非均相载体催化剂，如卤化钛、钛酸酯和三烷基铝负载在化学惰性的载体（PE 或 PP）上]。分子量主要用温度来控制，温度升高则分子量降低；催化剂载体及其化学性质也是控制分子量和分子量分布的重要因素。

4）UHMWPE

UHMWPE 与 HDPE 完全相同，只不过 UHMWPE 的摩尔质量超过了 50000g/mol，典型的分子量是 $3\times10^6\sim6\times10^6$。高分子量赋予其突出的耐磨性，即使在低温下也具有高韧性和优异的耐应力开裂性；但一般来说，这种材料不能用常规的设备加工。尽管市场已有 Hoechst 公司的注射成型级 UHMWPE 出售，但是由于聚合物分子链太长、缠结严重，以至于通常认为它实际上不存在熔点，而且即使有熔点，也非常接近于其降解温度。因此，UHMWPE 经常用粉料冲压或压塑成型来加工，所得制品的性能也有利于用作化工装置的管道，用来保护有轨机动车金属表面的润滑涂料、娱乐设备（如滑雪板）以及医药设备。

土工格室产品是采用 HDPE 作为原料，经挤出成型制成片材，然后焊接成立体网状结构。HDPE 是一种性能比较好的高分子材料，与 LDPE 相比，它具有结晶度高、软化点高、模量高和强度高等优点，其低温性能尤为突出，在 -60℃ 的寒冷环境中仍能保持其挠曲性。因此其应用领域比较广泛，但从图 2.2 可知，HDPE 支链结构少，因此 HDPE 是一种对环境应力开裂（environmental stress cracking，ESC）极为敏感的材料。环境应力开裂是指材料在远低于瞬间强度的低应力和环境介质协同作用下发生提早破坏的现象。作为工程制品，一旦开裂，将造成严重损失。为了有效预测和防止塑料这一开裂现象的产生，国外自 20 世纪 50 年代开始，一直在进行大量的研究，而且目前对开裂机理的探讨仍是方兴未艾，迄今为止，HDPE 的环境应力开裂机理尚不完全清楚。比较有代表性的机理有：①基于 Grimth 强度理论，认为活性介质降低了聚合物的表面张力，因而降低了银纹形成的能量；②另一个机理是 Maxwell 和 Rahm 首先提出的，认为活性介质的效应是对聚合物的增塑和溶胀使玻璃化转变温度（T_g）和黏度降低，并使流动过程更加容易；③认为活性介质使裂纹端部链段的热运动加强，而应力又促进了活性介质与聚合物互溶性等。这些机理的探讨在一定程度上说明了一些问题。

2. 聚丙烯

聚丙烯为通用塑料,其应用可以从薄膜到纤维。其结构除了一个氢原子被甲基取代之外,其他与聚乙烯相似,这一取代却改变了聚合物分子链的对称性,这就使之能形成不同的立体异构体,即全同(等规)、间同(间规)和无规立体异构的分子链,其结构如图 2.3 所示。聚丙烯是由丙烯单体经聚合合成的,在聚合过程中催化剂可以控制聚合物的立体化学,即全同和间同立体构型,两种构型均可结晶成有用的刚性聚合物材料。生产聚丙烯可采用悬浮法、气相法和液体淤浆法。

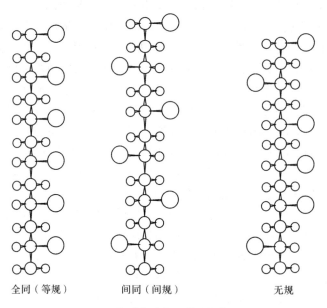

(a) 聚丙烯重复结构单元

全同（等规）　　　　　　间同（间规）　　　　　　无规

(b) 聚丙烯不同的立体异构体

图 2.3　聚丙烯示意图

三种立体异构体具有不同的性质,全同(等规)立构和间同(间规)立构聚丙烯可堆积成规整的结晶,从而得到刚性材料,两种材料都是结晶性的,但是间同(间规)立构聚丙烯的熔点温度(T_m)比全同(等规)立构聚丙烯低。全同立构聚丙烯是最具商业价值的聚合物,其熔点为 165℃。由于无规立构聚丙烯的无规结构阻碍了结晶,所以它是结晶度非常低(5%～10%)的聚合物,可作为柔韧材料使用,如用作密封带、层合纸和胶黏剂。与聚乙烯呈平面锯齿形结晶不同,全同立构聚丙烯结晶的分子链上有甲基,故呈螺旋结构。90%～95%的商业聚合物是全同立构聚丙烯,分子链中全同立构的存在量会影响聚合物的性能。随着全同立构量(常用全同指数来量化)的增加,结晶度提高,其模量、软化点和硬度也随之增大。

聚丙烯虽然在很多方面像聚乙烯(由于它们都是饱和的碳氢化合物),但是它们的某些性能却有重大差别。全同立构聚丙烯的硬度和软化点都比聚乙烯高,因此它主要用于需要较高刚度的地方。聚丙烯比聚乙烯更不耐降解特别是高温氧化,但具有更好的耐环境应力开裂性能。由于聚丙烯中存在叔碳原子,所以它比聚乙烯更容易抽取氢,导致聚丙烯更容易降解,故在聚丙烯中需要加入抗氧剂以提高其抗氧化能力。两种聚合物的降解机理是不同的,聚乙烯在氧化时发生交联,而聚丙烯发生断链,把聚合物暴露在高能辐射环境中也是如此。这一方法常用来制取交联聚乙烯。聚丙烯的相对密度为 0.905,是最轻的塑料之一,聚合物的非极性本性导致聚丙烯的低吸水性。聚丙烯具有良好的耐化学品性,但是含氯溶剂、汽油和二甲苯等液体可腐蚀聚合物。聚丙烯的介电常数小,是良好的绝缘体;聚丙烯黏合的困难可用表面处理来改善其黏结性质。

除 UHMWPE 外,聚丙烯的玻璃化转变温度和熔点温度均比聚乙烯高,因而使用温度可以提高,但是聚丙烯需要更高的加工温度。由于聚丙烯的软化点较高,其可耐沸腾的水并可用水蒸气消毒。聚丙烯比聚乙烯更耐弯曲开裂,所以更适合用于需要弯曲的场所,如绳索、胶带、地毯纤维和活动铰链零件。活动铰链是由比较厚的模塑片组装而成的,因此更耐弯曲。聚丙烯的一个缺点是低温脆性,当温度低至 0℃时聚合物变脆,这可以通过与乙烯共聚来改进。聚丙烯与其他填料(如碳酸钙和滑石粉)混合能改善它的刚性。其颜料、抗氧剂和成核剂与聚丙烯共混可得到特定的性能,炭黑加入聚丙烯后可以提高聚丙烯的户外抗紫外线性能。橡胶加到聚丙烯中可以改善其抗冲击强度,最常用的弹性体之一是乙-丙橡胶,弹性体与聚丙烯共混形成相分离的弹性相。若橡胶加入量超过 50%,则得到弹性体组合物,若加入的橡胶小于 50%,则得到改性热塑塑料。共聚物通常含1%～7%(质量分数)的乙烯,其无规律地分布于聚丙烯的主链上,这样就破坏了聚合物链的结晶能力,由此得到柔软制品,从而提高了聚丙烯的抗冲击性能,降低了熔点,提高了柔韧性,其柔软度随着乙烯含量的增多而提高。

2.2　土工格室材料基本性能测试

在进行土工格室材料性能测试时,试验的标准环境与试样的状态调节按 GB/T 2918—2018《塑料 试样状态调节和试验的标准环境》规定,温度为 23℃±2℃,湿度为 45%～55%。

2.2.1 格室片的基本性能测试方法

1) 格室片的环境应力开裂

首先根据 GB/T 1842—2008《塑料 聚乙烯环境应力开裂试验方法》，采用单功位模压机和溢料式模具制备压塑试样，压塑试样的模塑条件见表 2.1，试样按 GB/T 1842—2008《塑料 聚乙烯环境应力开裂试验方法》要求制备，试验按该方法规定进行。

表 2.1　压塑试样的模塑条件

材质	模塑温度/℃	热压				冷压		
		预热		热压		平均冷却速率/(℃/min)	压力/MPa	脱模温度/℃
		压力/MPa	时间/min	压力/MPa	时间/min			
PE	180	接触	5	5	5±1	15	5	≤40
PP	210	接触	5	5	5±1	15	5	≤40

2) 格室片的低温脆化温度

格室片的低温脆化温度用压塑试样采用压塑的方法制备，制备方法同环境应力开裂压塑试样，试样的厚度为 1.91mm±0.13mm。制备好的试样的状态调节同拉伸试验。试验按 ASTM D746-2014《采用冲击法的塑料及弹性材料的脆化温度的标准试验方法》标准中 A 型试验规定进行。

3) 格室片的维卡软化温度

在格室片上裁取 10mm×10mm 的片材若干，擦干净表面，将其中的 4 片叠加在一起作为试验用样品。制备好的试样的状态调节同拉伸试验。试验按 GB/T 1633—2000《热塑性塑料维卡软化温度(VST)的测定》规定进行，选用 A50 法(负荷为 10N，加热速率为 50℃/h)。

4) 格室片的氧化诱导时间

在格室片上裁取约 10mm×10mm 的片材，擦干净表面作为试验用样品，试样按 GB/T 17391—1998《聚乙烯管材与管件热稳定性试验方法》规定制备。

试验按 GB/T 17391—1998《聚乙烯管材与管件热稳定性试验方法》规定进行，N_2 流量为 50mL/min。以 PE 为基料的格室片，试样皿为 A_1，温度为 200℃；以 PP 为基料的格室片，试样皿为 A_1，温度为 200℃或 210℃。

5) 老化性能试验

(1) 热老化试验。

将片材放置在给定条件(温度、风速和换气率等)的热老化试验箱中，使其经受热和氧的加速老化作用，通过检测试验前后性能的变化，评定材料的耐热性。

具体试验按照 GB/T 7141—2008《塑料热空气暴露试验方法》规定进行。

（2）光老化试验。

采用实验室光源暴露试验方法，该方法是采用模拟和强化大气环境中主要因素的一种人工加速老化试验方法，可在较短的时间内获取近似于常规大气暴露结果，具体试验按照 GB/T 16422.2—2014《塑料 实验室光源暴露试验方法 第 2 部分：氙弧灯》规定进行。

2.2.2　格室片的基本性能测试结果

对中国石化燕山石化公司生产的土工格室的基本性能进行测试，其测试结果见表 2.2～表 2.4。

表 2.2　格室片基本性能

序号	牌号（命名）	批号	原料性能			
			环境应力开裂时间/h	低温脆化温度/℃	维卡软化温度/℃	氧化诱导时间/min
1	TGLG-PE-400-150-1.2	20010618	1100	—	124.7	43.2
2	TGLG-PE-400-150-1.2	20010619	—	—	125.5	—
3	TGLG-PE-400-150-1.2	20010620	—	—	124.9	—
4	TGLG-PE-400-150-1.2	20010621	—	—	125.8	—
5	TGLG-PP-400-100-1.2	20010622	—	—	—	—
6	TGLG-PP-400-100-1.2	20010623	—	—	—	—
7	TGLG-PP-400-100-1.2	20010624	—	—	—	—
8	TGLG-PE-400-150-1.2	20010625	—	—	126.0	34.8
9	TGLG-PE-400-150-1.2	20010626	—	—	125.3	—
10	TGLG-PE-400-150-1.2	20010627	—	—	125.2	—
11	TGLG-PE-400-150-1.2	20010628	—	−60	124.9	64.2
12	TGLG-PE-400-150-1.2	20010629	—	−60	124.9	—
13	TGLG-PE-400-150-1.2	20010630	—	—	125.0	—
14	TGLG-PE-400-150-1.2	20010704	1040	−60	124.9	60.2
15	TGLG-PE-400-150-1.2	20010705	—	−60	125.1	—
16	TGLG-PE-400-150-1.2	20010706	—	−60	125.1	—
17	TGLG-PE-400-150-1.2	20010707	—	—	124.8	37.4
18	TGLG-PE-400-200-1.2	20010720	—	—	125.2	33.7
19	TGLG-PE-400-200-1.2	20010721	—	—	125.0	—
20	TGLG-PE-400-200-1.2	20010722	—	—	124.7	21.9

续表

序号	牌号(命名)	批号	原料性能			
			环境应力开裂时间/h	低温脆化温度/℃	维卡软化温度/℃	氧化诱导时间/min
21	TGLG-PE-400-100-1.2	20010731	—	—	125.0	—
22	TGLG-PE-400-100-1.2	20010801	—	—	125.0	19.4
23	TGLG-PE-400-100-1.2	20010802	—	—	124.9	—
24	TGLG-PE-400-100-1.2	20010803	—	−60	125.2	24.3
25	TGLG-PE-400-100-1.2	20010810	—	—	125.0	—
26	TGLG-PE-400-100-1.2	20010811	—	—	—	23.5
27	TGLG-PE-400-200-1.2	20010813	—	—	—	—
28	TGLG-PP-400-100-1.2	19991019	—	−33.7	—	—
29	TGLG-PP-400-100-1.2	19991020	—	−41.9	—	—
30	TGLG-PP-400-100-1.2	19991021	—	−30.1	—	—
31	TGLG-PP-400-100-1.2	19991022	—	−33.9	—	—
32	TGLG-PE-400-100-1.2	19991115	—	—	—	—
33	TGLG-PE-400-100-1.2	19991129	1056	−70.0	—	—
34	TGLG-PE-400-100-1.2	20000219	—	—	—	—
35	TGLG-PE-400-100-1.2	20000220	1000	−70.0	—	—
36	TGLG-PE-400-100-1.2	20000221	—	—	—	—
37	TGLG-PE-400-100-1.2	20000222	—	—	—	—
38	TGLG-PE-400-100-1.2	20000223	1021	—	—	—
39	TGLG-PE-400-100-1.2	20000224	—	—	—	—
40	TGLG-PE-400-100-1.2	20000225	—	−70.0	—	—
41	TGLG-PE-400-150-1.2	20000226	—	—	—	—
42	TGLG-PE-400-150-1.2	20000227	—	—	—	—
43	TGLG-PE-400-150-1.2	20000228	1000	−70.0	—	—
44	TGLG-PE-400-150-1.2	20001130	1100	—	—	—

表 2.3 土工格室热老化性能

时间/h	温度/℃	分析项目	试验方法	PP 土工格室		PE 土工格室	
				结果	保持率/%	结果	保持率/%
0	23	拉伸屈服强度/MPa	GB/T 1040.5—2018	23.6	—	22.1	—
		拉伸断裂强度/MPa		35.4	—	35.4	—
		拉伸断裂伸长率/%		896	—	896	—

时间 /h	温度 /℃	分析项目	试验方法	PP 土工格室		PE 土工格室	
				结果	保持率/%	结果	保持率/%
1500	120	拉伸屈服强度/MPa	GB/T 1040.5 —2018	26.9	1.4	26.9	121.7
		拉伸断裂强度/MPa		32.7	92.0	32.7	91.5
		拉伸断裂伸长率/%		768	85.7	884	98.7

表 2.4　土工格室光老化性能

时间 /h	温度 /℃	分析项目	试验方法	PP 土工格室		PE 土工格室	
				结果	保持率/%	结果	保持率/%
0	23	拉伸屈服强度/MPa	GB/T 1040.5 —2018	23.6	—	22.1	—
		拉伸断裂强度/MPa		35.4	—	35.4	—
		拉伸断裂伸长率/%		896	—	896	—
1500	120	拉伸屈服强度/MPa	GB/T 1040.5 —2018	23.2	98.3	23.4	106.0
		拉伸断裂强度/MPa		32.4	91.5	32.7	92.4
		拉伸断裂伸长率/%		856	95.5	752	83.9

2.2.3　土工格室材料的基本性能要求

使用配混料生产塑料土工格室，配混料应含有必需的添加剂，添加剂应均匀分散。挤出片材前的材料还应满足表 2.5 所示的基本性能要求。

表 2.5　塑料土工格室用材料的基本性能要求

项目	PP 材料	PE 材料
环境应力开裂时间/h	—	≥800
低温脆化温度/℃	≤−23	≤−50
维卡软化温度/℃	≥142	≥112
氧化诱导时间/min	≥20	≥20

2.3　土工格室材料的力学性能

2.3.1　土工格室材料的强度

应用高分子材料最重要的性能是其力学性能。高分子材料的强度是衡量高分子材料抵抗外力能力的量度，表征了材料的受力对应于不同意义的强度指标。高分子材料常用的力学强度试验包括拉伸、弯曲、冲击、疲劳和硬度等。土工格室产品力学性能主要检测格室片拉伸屈服强度、焊接处抗拉强度、格室片连接处抗拉强度。

1. 格室片拉伸屈服强度

高聚物的应力-应变试验是研究高聚物断裂性能中应用最广泛的一种力学试验,通常在拉力下进行。应力-应变试验方法简单,从应力-应变曲线上可以得到多个物理量,包括弹性模量、屈服强度和屈服应变、断裂强度和断裂应变以及断裂所需的断裂能。图2.4为玻璃态或结晶态高聚物典型的拉伸应力-应变曲线。

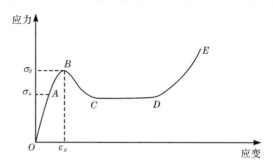

图2.4   玻璃态或结晶态高聚物典型的拉伸应力-应变曲线

图2.4中曲线有五个特征点:A、B、C、D和E。A点对应的应力称为比例极限(proportional limit)σ_e。当$\sigma < \sigma_e$时,应力和应变之间保持线性比例关系,比例系数就是材料的弹性模量E(在拉伸条件下为杨氏模量),即

$$E = \frac{\mathrm{d}\sigma}{\mathrm{d}\varepsilon} = \frac{\sigma L}{\varepsilon L}$$

当$\sigma \geqslant \sigma_e$时,应力和应变之间偏离线性关系。当应力增大到曲线上的极大值,即B点时,出现应力不变或应力先下降后不变的现象。这一现象称为材料的屈服,B点称为屈服点,它所对应的应力σ_B和应变ε_B分别称为屈服应力(屈服强度)和屈服应变。A点把整个应力-应变曲线分为两个部分,在A点之前,即$\sigma < \sigma_e$时,为弹性区,材料在除去应力后,形变可完全恢复,不留任何永久性形变。在A点之后,即$\sigma \geqslant \sigma_e$时,出现塑性行为,称为塑性区,材料除去应力后,留有永久性形变。曲线上的E点称为断裂点,对应的应力和应变分别称为断裂强度和断裂应变。

高聚物在屈服过程中,当材料处于荷载作用下产生明显塑性变形的临界状态时,称为材料的屈服。许多高聚物在一定的条件下都能发生屈服,有些高聚物在屈服后能产生很大的塑性形变,塑性形变与高聚物的使用有关。往往由于材料的塑性形变而使产品失效,因此屈服现象限制了高聚物材料在承载时的使用。由于高聚物的屈服过程比其他材料复杂,温度和应变速率等因素对材料的屈服过程都将产生影响。与传统的金属材料相比,高聚物屈服过程有以下特征:

（1）屈服应变大，大多数金属材料的屈服应变约为 0.01，而高聚物的屈服应变可达 0.2 左右。

（2）屈服后出现应变软化。许多高聚物在超过屈服点后均有一个不大的应力下降，此时应变增加，应力反而降低。

（3）屈服应力对温度和应变速率有强烈的依赖性。高聚物的屈服应力随温度的增加而降低，达到它们的玻璃化转变温度时，屈服应力降低为 0；高聚物的屈服应力随应变速率的增大而增加。

为保证土工格室产品的工程特性，在校核材料的拉伸强度时，一般选用屈服强度为材料的核准标准，同时对测试时的条件提出要求。一般是在土工格室产品距焊接处大于 20mm 的格室片上沿长度方向切取试样，试样尺寸符合 GB/T 1040—2018《塑料拉伸性能的测定》规定的Ⅱ型试样，如图 2.5 所示。表 2.6 为Ⅱ型试样各部分尺寸，试样的厚度为格室片的厚度。试样的表面应平整且无气泡、裂纹、分层、明显杂质和加工损伤等缺陷。试样的状态调节和试验的标准环境按照 GB/T 2918—2018《塑料试样状态调节和试验的标准环境》的规定，温度为 23℃±2℃、湿度为 50％±5％。试样的状态调节时间至少 40h，最多不超过 96h。

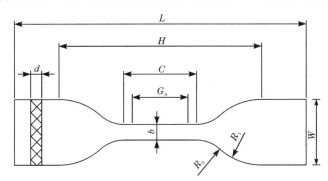

图 2.5　GB/T 1040—2018《塑料拉伸性能的测定》中Ⅱ型试样图

表 2.6　GB/T 1040—2018《塑料拉伸性能的测定》中Ⅱ型试样各部分尺寸

符号	名称	尺寸/mm	公差/mm
L	总长（最小）	115	—
H	夹具间距离	80	±5
C	中间平行部分长度	33	±2
G_0	标距（或有效部分）	25	±1
W	端部宽度	25	±1
d	厚度	片材厚度	—

符号	名称	尺寸/mm	公差/mm
b	中间平行部分宽度	6	±0.4
R_0	小半径	14	±1
R_1	大半径	25	±2

试验按 GB/T 1842—2008《塑料 聚乙烯环境应力开裂试验方法》规定进行,拉伸速率为 50mm/min。每组取 5 个试样的算数平均值作为试验结果,数值修约到整数位。

2. 焊接处抗拉强度

土工格室是由条状高分子片材经节点连接而成、展开后呈立体蜂窝状网格结构的土工合成材料,产品在工程应用中的主要技术要求为外形尺寸整齐、焊距一致,整个网格体系强度一致。从产品的全面性能测试分析,网格节点强度是保证整个网格体系强度的关键,网格节点的连接方式包括铆钉连接、塑料条穿接、热熔焊连接和超声焊连接。经多种连接方式的比较试验和测试,其剥离强度结果见表 2.7。

表 2.7　不同连接方式试验结果对比

连接方式	剥离强度/(N/cm)
铆钉连接	82.3～94.8
塑料条穿接	50～67
热熔焊连接	64.1～105.5
超声焊连接	103～117

由表 2.7 可知,超声焊连接方式是目前可知的诸多方案中强度较高、稳定性较好的方案。超声塑料焊连接的原理是对需要结合的塑件进行超声高频率振荡,塑件结合处高分子之间产生剧烈的分子间摩擦,使之在结合处温度骤升。升高的温度足以使塑件间的塑料熔融,塑件间产生熔流,振荡停止后材料在保压下冷却,从而完成焊接过程。整个周期比较短,为 0.5～2s。由于在较短的周期里,焊接塑件在超声高频率振荡和高压保压等条件作用下,经历了从玻璃态、高弹态、黏流态返回高弹态、玻璃态的一个完整的、剧烈的、复杂的状态变化过程。土工格室的超声波焊接属于点焊与平焊相结合的焊接形式,其工作原理为:当焊具的齿将超声机械振动波传递给上塑件时,与突出齿相接触的这部分材料在超声振荡的影响下产生剧烈的分子间摩擦,使之局部温度升高,材料变软。由于此时焊具保持很高的压力,焊具下移,与焊具齿相接触的塑件形成相应小坑,并在不断接收新能量的

情况下,出现树脂小熔池。熔池下边的塑件在不断接受超声振荡的机械能和熔池内熔融塑料热交换的相互影响下,也开始变软熔化,逐渐与上部的塑件熔穿,形成熔融树脂流,流入两层之间的结合面,在焊具超声能量的继续作用下,结合面上的树脂也迅速熔为一体,这时超声停止。压力继续保持至界面冷却,即完成一次焊接过程。

从上述不难看出,焊接过程中的压力、振幅、环境温度、振荡时间、保压时间、焊具形状、树脂材料性能以及一次成形后的片材性能将直接影响焊接质量。针对土工格室产品的实际情况,格室片焊接处强度的校核方法应该按照高分子材料拉伸试验的方法进行,目前对此处强度的测试方法如下:试样在焊接的两片格室片上沿长度方向切取。试样的长度为 220mm,焊缝在试样的中间,试样的宽度(即格室片的宽度方向)为 100mm,如图 2.6 所示。

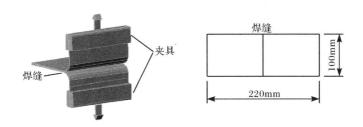

图 2.6　格室片焊接处抗拉强度试验示意图

试样的状态调节和试验的标准环境按照 GB/T 2918—1998《塑料试样状态调节和试验的标准环境》的规定,温度为 23℃±2℃、湿度为 50%±5%。试样的状态调节时间至少 40h,最多不超过 96h。

试验时将焊缝一侧的两片试样分开,用夹具夹住试样的中间部位,夹具的长和宽均为 60mm,夹具间距离为 100mm。试验按 GB/T 1842—2008《塑料 聚乙烯环境应力开裂试验方法》规定进行,拉伸速率为 50mm/min。试验进行到将焊接的两片格室片断开为止,记录试验中的最大负荷(单位为 N),试验结果以 N/cm 表示。取 3 个试样的算数平均值作为试验结果,数值保留到整数位。

3. 格室片连接处抗拉强度

工厂制造和产品运输的限制,土工格室产品不可能制作成实际工程所需的规格,因此需要制成标准的组件,然后在现场连接。在实际工程中组件间的连接强度会对整个土工格室增强体系产生影响,因此我国在制定土工格室产品的国家标准时,对此处强度提出明确的要求。近年来,我国生产厂家对此处的连接形式提出了多种方法,并纷纷申报专利,表现出极大的技术创新热情。工程界认为此处连接最理想的状态为:中间连接应基本达到或接近焊点处的强度,边缘连接应基本达到或接近片材的强度。同时连接方式简单、可靠,荷载基本可达到刚性传递等目的。以下介绍目前土工格室组件的主要连接形式。

1) 采用专用金属连接钉连接

20 世纪 90 年代初,美国普拉斯科技术公司将土工格室产品介绍给我国时,该公司就是采用专用金属连接钉的方法解决组件间的连接问题,如图 2.7 所示。

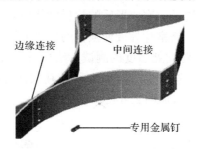

图 2.7　采用专用金属连接钉连接

2) 采用打孔穿绳方式连接

在土工格室片材上预先打孔,连接时将孔对齐,然后穿过绳子,实现连接。这是 20 世纪 90 年代,在我国工程界试用土工格室初期时解决组件间连接的方法,如图 2.8 所示。

图 2.8　采用打孔穿绳方式连接

3) 采用焊接塑料组件实现铰链式连接

使用与土工格室相同的材料采用注射成型工艺制成合页状边缘连接塑件和中间连接塑件,然后将其通过超声焊接的方式与土工格室连接部位的片材焊接在一起,如图 2.9 所示。在使用时将两塑件对齐,用销钉将土工格室组件连接在一起。

格室片的连接有两种情况:边缘铰链式连接和中间铰链式连接。连接处抗拉强度试样的状态调节和试验条件及步骤与焊接处抗拉强度的试验相同。试样情况如下:

格室片边缘连接处的试样长度为 160mm,宽度为 100mm。

格室片中间连接处试样的切取与焊接处抗拉强度试样相同,将焊缝改为连

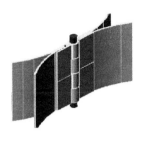 

(a) 边缘铰链式连接　　　　　　　　(b) 中间铰链式连接

图 2.9　采用焊接塑料组件连接

接处。

格室片连接处抗拉强度试验与焊接处抗拉强度试验相同。试验时,连接处一侧的试样并起来放在夹具中,拉伸速度为 50mm/min,试验进行到负荷达到最大值为止。记录试验中的最大负荷(单位为 N),并记录试验中连接处是否脱开,试验结果以 N/cm 表示。

2.3.2　土工格室片的强度测试结果

对中国石化燕山石化公司生产的土工格室的格室片拉伸屈服强度、焊接处抗拉强度、连接处抗拉强度进行测试,其测试结果见表 2.8。

表 2.8　格室片强度测试结果

序号	牌号(命名)	批号	拉伸屈服强度/MPa	焊接处抗拉强度/(N/cm)	连接处抗拉强度/(N/cm)	
					格室片边缘	格室片中间
1	TGLG-PE-400-150-1.2	20010618	24.4	106.0	260.2	167.6
2	TGLG-PE-400-150-1.2	20010619	25.0	148.5	275.6	143.2
3	TGLG-PE-400-150-1.2	20010620	24.6	111.2	296.7	157.6
4	TGLG-PE-400-150-1.2	20010621	25.1	202.5	274.7	160.1
5	TGLG-PP-400-100-1.2	20010622	25.8	156.4	343.3	151.0
6	TGLG-PP-400-100-1.2	20010623	26.1	144.6	338.4	137.8
7	TGLG-PP-400-100-1.2	20010624	26.1	112.8	317.8	174.6
8	TGLG-PE-400-150-1.2	20010625	25.3	137.3	328.6	226.6
9	TGLG-PE-400-150-1.2	20010626	24.8	122.6	358.0	186.3
10	TGLG-PE-400-150-1.2	20010627	24.2	151.0	334.5	247.7
11	TGLG-PE-400-150-1.2	20010628	24.0	127.5	220.7	166.3

续表

序号	牌号(命名)	批号	拉伸屈服强度/MPa	焊接处抗拉强度/(N/cm)	连接处抗拉强度/(N/cm)	
					格室片边缘	格室片中间
12	TGLG-PE-400-150-1.2	20010629	23.6	139.8	324.7	163.3
13	TGLG-PE-400-150-1.2	20010630	23.4	156.5	206.5	235.9
14	TGLG-PE-400-150-1.2	20010704	24.3	150.0	323.7	161.8
15	TGLG-PE-400-150-1.2	20010705	24.3	122.6	274.7	191.8
16	TGLG-PE-400-150-1.2	20010706	23.2	152.0	279.5	157.4
17	TGLG-PE-400-150-1.2	20010707	24.3	220.7	288.9	250.1
18	TGLG-PE-400-200-1.2	20010720	23.6	127.5	260.4	196.2
19	TGLG-PE-400-200-1.2	20010721	24.8	132.4	296.7	244.2
20	TGLG-PE-400-200-1.2	20010722	24.4	167.7	275.6	191.2
21	TGLG-PE-400-100-1.2	20010731	25.0	98.1	274.7	223.2
22	TGLG-PE-400-100-1.2	20010801	25.0	103.0	299.6	174.6
23	TGLG-PE-400-100-1.2	20010802	24.7	103.5	270.8	236.9
24	TGLG-PE-400-100-1.2	20010803	24.3	90.7	289.8	176.2
25	TGLG-PE-400-100-1.2	20010810	24.5	155.9	276.1	163.4
26	TGLG-PE-400-100-1.2	20010811	24.2	105.9	278.5	153.2
27	TGLG-PE-400-200-1.2	20010813	25.6	117.7	281.2	167.6
28	TGLG-PP-400-100-1.2	19991019	24.4	127.8	—	—
29	TGLG-PP-400-100-1.2	19991020	26.1	106.8	265.0	230.0
30	TGLG-PP-400-100-1.2	19991021	26.5	107.9	—	—
31	TGLG-PP-400-100-1.2	19991022	22.8	118.5	252.0	200.0
32	TGLG-PE-400-100-1.2	19991115	—	110.0	—	—
33	TGLG-PE-400-100-1.2	19991129	—	106.0	264.0	200.0
34	TGLG-PE-400-100-1.2	20000219	—	126.0	—	—
35	TGLG-PE-400-100-1.2	20000220	23.4	106.3	—	—
36	TGLG-PE-400-100-1.2	20000221	24.5	118.0	260.0	214.0
37	TGLG-PE-400-100-1.2	20000222	23.9	158.5	—	—
38	TGLG-PE-400-100-1.2	20000223	23.2	133.0	275.0	170.0
39	TGLG-PE-400-100-1.2	20000224	23.6	127.0	—	—
40	TGLG-PE-400-100-1.2	20000225	23.1	116.0	265.0	198.0
41	TGLG-PE-400-150-1.2	20000226	22.7	110.0	—	—

序号	牌号(命名)	批号	拉伸屈服强度/MPa	焊接处抗拉强度/(N/cm)	连接处抗拉强度/(N/cm)	
					格室片边缘	格室片中间
42	TGLG-PE-400-150-1.2	20000227	23.5	106.0	264.0	180.0
43	TGLG-PE-400-150-1.2	20000228	23.2	118.0	275.0	165.0
44	TGLG-PE-400-150-1.2	20001130	22.5	134.5	274.0	170.0

2.3.3　对塑料土工格室强度的要求

在工程上实用的土工格室强度要满足一定的要求,具体要求见表 2.9。

表 2.9　塑料土工格室的技术要求

测试项目		PP 土工格室	PE 土工格室
外观		格室片应平整、无气泡、无沟痕	
格室片拉伸屈服强度/MPa		≥23	≥20
焊接处抗拉强度/(N/cm)		≥100	≥100
连接处抗拉强度/(N/cm)	格室片边缘	≥200	≥200
	格室片中间	≥120	≥120

第3章 土工格室结构层压缩性状

3.1 概 述

土工格室结构层在竖向压力的作用下会产生压缩变形,压缩变形量的大小与结构层的压缩性密切相关[40]。如果压缩变形量过大,就可能会引起路基路面结构过大的沉降,从而影响公路的使用性能。表征压缩性能的指标可采用回弹模量、变形模量和承载力等。在探讨压缩性状时,主要从两个方面来分析:一是土工格室结构层的变形特性,主要分析其荷载与变形曲线的发展变化规律;二是土工格室结构层的强度特性,分析时根据地基形式的不同而采用不同的指标。对于一般坚实地基主要应用公路工程和建筑工程中常用的抗压回弹模量和抗压变形模量来分析。对于软弱地基强度特性通过地基承载力来分析。由于土工格室是新型的土工合成材料,目前国内外还较少有人进行系统的研究[83]。以往的研究都是针对某一方面的特性,对土工格室作用性状的研究较少,尚无较为完整与系统的设计理论。因此本章采用试验的方法对土工格室结构层压缩性状进行研究。

3.1.1 回弹模量

回弹模量表示土工格室结构层在弹性变形阶段内,在垂直荷载作用下抵抗竖向变形的能力,如果垂直荷载为定值,土基回弹模量值越大,则产生的垂直位移就越小;如果竖向位移是定值,回弹模量值越大,则土基承受外荷载作用的能力就越大。

回弹模量反映了荷载和回弹变形的关系。根据路基路面现场测试规程,可按式(3.1)来计算抗压回弹模量:

$$E_t = \frac{\pi D}{4} \frac{\sum P_i}{\sum L_i} (1 - \mu^2) \tag{3.1}$$

式中:$\sum L_i$ 为 1mm 以内变形的各级回弹弯沉值之和,mm;$\sum P_i$ 为回弹弯沉值在 1mm 以内的各级压力之和,MPa;D 为承载板直径,cm;μ 为格室填料的泊松比。

3.1.2　变形模量

　　土的变形模量是土变形性质的一个重要指标,承载板荷载试验是一种确定土变形模量最可靠的方法之一。它是以刚性平底承压板,将竖向荷载均匀地传至地基土上,通过测试地基土在荷载下的变形,得到荷载试验 *P-S* 曲线,然后根据该曲线推求地基土参数。由于荷载试验可反映地基土的变形性质,若合理利用 *P-S* 曲线直线段的实测资料,并借助弹性理论公式,可计算出土的变形模量。

　　苏联什塔耶尔于 1949 年推导出竖向均布荷载作用下刚性承载板沉降计算公式。

　　圆形承载板:

$$S=\frac{\pi}{4}\frac{1-\mu^2}{E_0}RP \tag{3.2}$$

　　方形承载板:

$$S=\frac{\sqrt{\pi}}{2}\frac{1-\mu^2}{E_0}B_pP \tag{3.3}$$

式中:S 为承载板的沉降量,cm;R 为圆形承载板的半径,m;B_p 为方形承载板的边长,m;P 为作用在承载板上的均布荷载,kPa;μ 为地基土的泊松比;E_0 为地基土的变形模量,kPa。

　　以荷载 P(kPa)为横坐标,承载板的沉降量 S 为纵坐标,可绘成荷载-沉降量曲线,即 *P-S* 曲线,如图 3.1 所示。

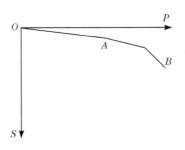

图 3.1　*P-S* 曲线

　　P-S 曲线 *OA* 段一般呈直线,说明地基沉降量与荷载呈线性关系,反映地基土的弹性性质,可以采用式(3.4)、式(3.5)计算变形模量 E_0。

　　圆形承载板:

$$E_0=\frac{\pi}{4}\frac{1-\mu^2}{S}RP \tag{3.4}$$

　　方形承载板:

$$E_0 = \frac{\sqrt{\pi}}{2} \frac{1-\mu^2}{S} B_{\mathrm{p}} P \tag{3.5}$$

式(3.2)～式(3.5)中,泊松比不易测准,一般地基土的泊松比为 0.25～0.42。对于砂土和粉土,$\mu = 0.33$;对于可塑-硬塑土,$\mu = 0.38$;对于软塑-流塑黏性土和淤泥质黏土,$\mu = 0.41$。

3.1.3 地基承载力

地基承载力是指地基在满足变形和强度的条件下,单位面积所能承受的最大荷载。在荷载作用下,地基会产生变形。随着荷载的增大,地基变形逐渐增大,初始阶段地基土中应力处于弹性平衡状态,具有安全承载能力。当荷载增大到地基中开始出现某点或小区域内各点在其某一方向平面上的剪应力达到土的抗剪强度时,该点或小区域内各点就发生剪切破坏而处于极限平衡状态,土中应力将发生重分布。这种小范围的剪切破坏区,称为塑性区。地基小范围的极限平衡状态大部分可以恢复到弹性平衡状态,地基尚能趋于稳定,仍具有安全的承载能力。但此时地基变形稍大,必须验算变形的计算值,使其不超过允许值。当荷载继续增大,地基出现较大范围的塑性区时,将导致地基承载力不足而失去稳定,此时地基达到极限承载力。

承载力可通过承载板试验进行测试,取沉降量为一定值时对应的荷载来进行计算。

3.2 土工格室结构层压缩性状试验

3.2.1 试验目的与试验内容

1. 试验目的

本次试验通过承载板试验,测得不同类型土工格室加筋层的变形模量和回弹模量,从而得出不同土工格室加筋层的区别及相关规律。通过其 P-S 曲线,得出土工格室加固后的地基承载力基本值,并比较不同加筋层的关系,探讨其机理。

2. 试验内容

土工格室压缩试验分别在两种地基上进行,采用两种填料,四种格室类型,由承载板试验测得。测试土工格室结构层在一般地基上的变形模量和回弹模量,以及在软弱地基上的 P-S 曲线、承载力和变形模量。具体的测试内容见表 3.1。

表 3.1　土工格室压缩试验测试内容

地基形式	压实度/%	格室填料	格室规格/(mm×mm)	测试参数
坚实地基	90	黄土	100×400、150×400、素土、100×680、150×680	变形模量 回弹模量
		粗砂	100×400、150×400、素砂、100×680、150×680	变形模量 回弹模量
	>95	黄土	100×680、150×680、素土	变形模量 回弹模量
软弱地基	90	黄土	100×400、素土 150×400、素土 100×680、素土 150×680、素土	地基承载力 变形模量
		粗砂	100×400、素砂 150×400、素砂 100×680、素砂 150×680、素砂	地基承载力 变形模量

注:土工格室规格表示为高度×焊距,下同。

3.2.2　试验方案设计

土工格室结构层压缩试验在试验土槽中进行。试验土槽宽 6m、深 2m,填料由砂砾、西安黄土、级配黄土组成,如图 3.2 所示。

1. 反力架的设计

试验所需的反力由沙袋堆载施加,采用直径为 50cm 的承载板。反力架的尺寸为 4.2m×3.5m,其尺寸根据试验所需布置的四个测点在土工格室结构层和土基表层互不影响的情况下确定。试验所需的最大反力为 675kPa,即 13.3t,考虑试验加载的偏心和相关安全系数的设定,拟定反力架堆载为 25t。

2. 材料的选择

本次试验选用中国石化燕山石化公司生产的土工格室,格室的平面尺寸为 2m×2m。试验采用四种规格的土工格室,分别为 100mm×400mm、150mm×400mm、100mm×680mm 和 150mm×680mm。其主要物理和力学参数委托中国石化燕山石化公司测定,见表 3.2。

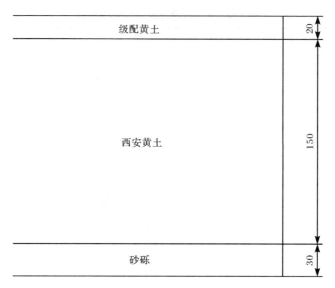

图 3.2　试验土槽剖面图(单位:cm)

表 3.2　土工格室性能参数及测试标准

测试内容	土工格室批号			测试标准
	20010618	20010704	20000228	
环境应力开裂时间/h	1100	1040	1000	GB/T 1842—2008
低温脆化温度/℃	—	−60	−70	ASTM D746 A 2014
维卡软化温度/℃	124.7	124.9	—	GB/T 1633—2000
氧化诱导时间/min	43.2	60.2	—	GB/T 17391—1998
拉伸屈服强度/MPa	24.4	24.3	23.2	GB/T 1040—2018
焊接处抗拉强度/(N/cm)	106.0	150.0	118.0	GB/T 1040—2018
边缘连接处抗拉强度/(N/cm)	260.2	323.7	275.0	GB/T 1040—2018
中间连接处抗拉强度/(N/cm)	167.6	161.8	165.0	GB/T 1040—2018

　　试验的填料分别为黄土和粗砂。土工格室结构层下为黄土,测得的压缩试验黄土基本指标见表 3.3。

表 3.3　压缩试验黄土的基本指标

最佳含水率/%	最大干密度/(g/cm³)	塑限/%	液限/%	塑性指数	黏聚力/kPa	内摩擦角/(°)
13.91	1.91	21.30	31.86	10.56	34.81	32

　　压缩试验黄土颗粒分析如图 3.3 所示,试验所用的粗砂筛分试验如图 3.4 所示。

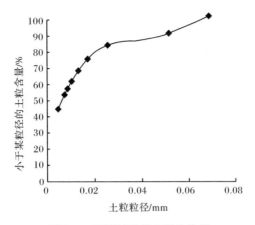

图 3.3 压缩试验黄土颗粒分析

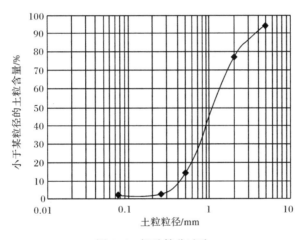

图 3.4 粗砂筛分试验

3. 模型试验的设计与施工

1) 坚实黄土地基土工格室结构层模型试验设计与施工

为了较好地模拟土工格室结构层的实际工程情况,模型尺寸按照足尺模型设计。模型平面尺寸为 4m×2m,竖向高度约为 2.5m。承受荷载面积大小通过直径为 50cm 的承载板来模拟。

由于实验室土槽内的土为扰动土,在填充过程中,压实度不均匀,很难满足试验的要求,需要对地基进行处理。采用重锤夯实法处理地基,锤重 0.8t,底面直径为 0.5m,落锤高度为 5.5m。

模型试验施工工艺如下:

（1）采用重锤夯实法对地基进行处理。

（2）将事先取来的土碾碎，并加水拌和至所需的含水率。

（3）确定土工格室的铺设位置，将土工格室充分拉开，周围用钢筋固定。然后向格室内填土，用冲击夯实机夯实，使土的压实度达到90％。

（4）若要求结构层的压实度达到95％以上，则采用重锤夯实法对土工格室内的填料进行夯实。

（5）为了保证格室不被夯实机器打坏，所填土按压实后20cm计算，使土工格室柔性结构层经夯实后有高3～5cm的余土。

（6）为了使各组土工格室结构层的压实度尽量保持一致，每次夯实次数均相同。素土结构层的铺设同上，用等量的填料，以保证两者高度一致。

2）软弱地基土工格室结构层模型试验设计与施工

翻松地基土，向黄土里面灌水，使黄土的含水率介于塑限和液限之间，然后分层填筑，每层20cm，用脚踩实，使黄土地基的承载力达到50～70kPa。

模型试验施工工艺如下：

（1）整平地基表面，然后在地基下挖一个3m×2m×1.5m的坑，要求坑底在同一个水平面上。

（2）将黄土用水调好，使含水率在塑限以上。然后将湿黄土分层填筑，每层20cm，用脚踩实，不用压实机械，如图3.5所示。

图3.5　模拟软弱地基的填筑

（3）当土填到离地基表面10cm处停止，用铁锹把填土表面整平，铺上防水膜。

（4）将格室沿长度方向张开，一端固定在软基壁，另一端拉伸至合适长度，用钢筋固定，如图3.6所示。

（5）在格室内充填配好含水率的土样。没有格室的软弱地基部分也要填土，土样高度和铺格室的地方填土高度一致。然后统一用小型压路机压实，使其压实

图 3.6　软弱地基上土工格室的铺设

度尽量接近 90%。

（6）为了保证土工格室不被压坏，所填虚土应高出土工格室 20cm,使压实后的土工格室结构层上有高 3~5cm 的余土。

3) 格室结构层压缩性状试验的测试方法

土工格室结构层压缩试验所测试的指标有两个:变形模量和回弹模量。试验采用直径 50cm 的圆形承载板做静载试验,竖向位移用百分表和杠杆式弯沉仪(5.4m)进行测试,荷载采用沙袋堆载,加载设备为 50t 液压式千斤顶。荷载的大小用拉压传感器和便携式电子应变仪(图 3.7)来测试。

图 3.7　便携式电子应变仪

　　静力荷载变形测试按照 GB 50007—2011《建筑地基基础设计规范》测试。试验终止的标准有两个,即试验荷载大于实际可能的荷载或竖向位移过大。因此试验终止的标准为荷载达到 750kPa 或竖向位移达到 20mm。

　　回弹模量测试方法参照 JTG E60—2008《公路路基路面现场测试规程》进行。采用完全卸载,即每一次加载稳定 1min,读出变形量,卸载时使电子应变仪上读数为 0,稳定 1min 后读数,加下一级荷载。当回弹变形量超过 3mm 时,试验终止。试验加载设备如图 3.8 所示。

图 3.8　土工格室结构层压缩试验加载设备

　　软弱地基上由于位置和试验场地的限制,竖向位移采用百分表和基准梁来测试,其余与一般地基相同。由于软弱地基的变形比较大,在测试时采用动态的相对控制,即以变形速率衰减至每分钟变形为总变形的 1% 时为稳定标准。软弱地基试验的终止标准为竖向变形达到 40mm 或荷载达到 350kPa。以地基沉降为 10mm 和 15mm 时对应的荷载作为地基的承载力,具体试验测试设备如图 3.9 所示。

图 3.9　地基承载力试验测试设备

3.3　坚实地基上土工格室结构层的压缩性状

3.3.1　黄土填料的土工格室结构层试验

1. 变形模量计算

本次试验的坚实地基是用黄土经人工碾压形成的,格室结构层内的土用冲击夯夯实,夯实 3 遍。取土的泊松比为 0.38,由式(3.4)计算结构层变形模量,结果见表 3.4。

表 3.4　土工格室土结构层变形模量计算结果

格室规格/(mm×mm)	100×680	150×680	100×400	150×400	100×680	150×680	素土
压实度/%	89.8	90.1	87.2	91.8	98.0	98.0	90.6
变形模量/MPa	42.50	43.10	40.50	44.50	45.73	46.36	37.30
提高的变形模量/MPa	5.20	5.80	3.20	7.20	8.43	9.06	—
提高的百分比/%	13.94	15.55	8.58	19.30	22.60	24.29	—

表 3.4 表明,土工格室结构层与地基组成复合层的变形模量明显大于素土的变形模量。由于压实度和格室规格的差别,变形模量提高 8.58%～24.29%。当压实度为 90% 左右时,变形模量提高 8.58%～19.30%;当压实度为 98% 时,变形模量提高22.60%～24.29%。

2. 回弹模量计算

回弹模量可按式(3.1)计算。每个试样的回弹模量都由单位荷载-回弹变形(p-l)曲线上直线段的数值确定,图 3.10 为 150mm×680mm 土工格室结构层 p-l

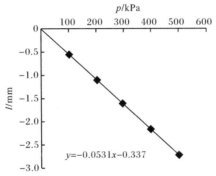

$$y=-0.0531x-0.337$$

图 3.10　150mm×680mm 土工格室土结构层 p-l 曲线

曲线。如果 $p\text{-}l$ 曲线不通过原点,则将初始直线段与纵坐标的交点当成原点,修正各级荷载作用下的回弹变形和回弹模量,结果见表 3.5。

表 3.5　150mm×680mm 土工格室土结构层回弹变形和回弹模量计算结果

荷载/kPa	回弹变形/0.1mm	修正回弹变形/0.1mm	回弹模量/MPa	平均回弹模量/MPa
100	5.70	5.363	62.650	
200	11.34	11.003	61.073	
300	15.75	15.413	65.398	63.111
400	21.31	20.973	64.081	
500	27.28	26.943	62.353	

同理可计算出其他类型土工格室土结构层的当量回弹模量(即土基和土工格室结构层构成整体的当量回弹模量,以后本书所提到的回弹模量即指当量回弹模量),见表 3.6。由表可知,由于土工格室的作用,回弹模量得到了提高,提高程度为 4.98%~15.90%。当压实度为 90%左右时,回弹模量提高 4.98%~6.50%;当压实度为 98%时,回弹模量提高 14.30%~15.90%。

表 3.6　土工格室土结构层回弹模量计算结果

格室规格/(mm×mm)	100×680	150×680	100×400	150×400	100×680	150×680	素土
压实度/%	89.8	90.1	87.2	91.8	98.0	98.0	90.6
回弹模量/MPa	62.933	63.111	62.475	63.384	68.031	68.973	59.513
提高的回弹模量/MPa	3.420	3.598	2.962	3.871	8.519	9.461	—
提高的百分比/%	5.75	6.05	4.98	6.50	14.31	15.90	—

3. 综合分析

由表 3.4 和表 3.6 可知,由于土工格室土结构层的作用,变形模量和回弹模量较素土都有一定的提高。

图 3.11 为素土和压实度为 90%左右的土工格室土结构层的模量比较。由图可知,在压实度为 90%左右时,由于土工格室的作用,变形模量和回弹模量都有一定的提高,即地基的承载力和恢复变形能力(弹性)都有了提高。100mm×400mm 的土工格室土结构层变形模量和回弹模量比素土高,但比其他规格的土工格室土结构层低,这是因为 100mm×400mm 的土工格室土结构层压实度较低。其他类型的土工格室土结构层压实度在 90%左右,其提高的变形模量和回弹模量有微小的差别,但比较接近。

图 3.12 为素土和压实度为 98%的格室结构层模量比较,其中素土结构层的压实度为 90.6%,地基的压实度达到了 98%以上。从图中可以看出,无论变形模

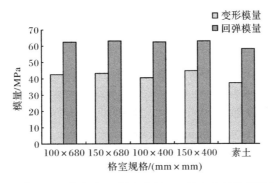

图 3.11　素土和压实度为 90% 左右的土工格室土结构层模量比较

量还是回弹模量,基本趋势是 150mm×680mm 土工格室土结构层最大,素土最低,100mm×680mm 土工格室土结构层在两者之间。100mm×680mm 土工格室土结构层的变形模量比 150mm×680mm 土工格室土结构层小 0.63MPa、比素土提高了 8.43MPa;100mm×680mm 格室结构层的回弹模量比 150mm×680mm 土工格室土结构层小 0.942MPa,比素土提高了 8.519MPa。可见土工格室土结构层相对于素土结构层的模量和强度提高非常明显;两种格室结构层之间虽然有差别,但是差别不到 1MPa,相差 1%～2%,故认为两者差别不大。

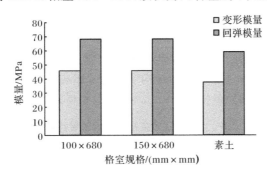

图 3.12　素土和压实度为 98% 的土工格室土结构层模量比较

3.3.2　粗砂填料的土工格室结构层试验

在土工格室中填入粗砂,形成土工格室砂复合结构层,铺设在坚实地基上,和黄土地基组成一个复合体,共同承受外部荷载。本次试验的土工格室砂结构层用冲击夯进行压实。对于砂来说,黏聚力很小,压实过程主要是克服砂粒之间微小的摩擦力,使颗粒之间发生位移、错动、挤紧,致使颗粒间的孔隙体积减小,从而提高密实度。在击实振动波的作用下,砂颗粒易于移动、嵌紧,很容易振密达到压实的效果。因此此次试验的土工格室砂结构层压实度经实验测得均在 90% 以上,达到了压实要求。

1. 变形模量计算

土工格室砂结构层变形模量按照式(3.4)计算,取泊松比 μ 为 0.35,计算结果见表 3.7。从表中可以看出,土工格室砂结构层变形模量比素砂结构层变形模量有明显提高,提高程度都在 30% 以上。其中 100mm×680mm 土工格室砂结构层变形模量提高 31.01%;150mm×680mm 土工格室砂结构层变形模量提高 35.09%;100mm×400mm 土工格室砂结构层变形模量提高 33.49%;150mm×400mm 土工格室砂结构层变形模量提高 35.54%,都在 31%~36%。不同土工格室砂结构层之间的变形模量相差不大,差异约为 3%。

表 3.7　土工格室砂结构层变形模量计算结果

格室规格 /(mm×mm)	100×680	150×680	100×400	150×400	素砂
压实度/%	90.3	90.5	89.8	90.7	91.1
变形模量/MPa	38.45	39.65	39.18	39.78	29.35
提高的变形模量/MPa	9.10	10.30	9.83	10.43	—
提高的百分比/%	31.01	35.09	33.49	35.54	—

2. 回弹模量计算

土工格室砂结构层的回弹模量按式(3.1)计算,泊松比 μ 为 0.35,具体计算结果见表 3.8。由表可知,土工格室砂结构层和地基组成的回弹模量比素砂大很多,加入土工格室以后回弹模量提高了 18%~22%,提高值为 10~13MPa。

表 3.8　土工格室砂结构层回弹模量计算结果

格室规格 /(mm×mm)	100×680	150×680	100×400	150×400	素砂
压实度/%	90.3	90.5	89.8	90.7	91.1
回弹模量/MPa	67.284	68.866	68.204	69.186	56.770
提高的模量值/MPa	10.514	12.096	11.434	12.416	—
提高的百分比/%	18.52	21.31	20.14	21.87	—

3. 综合分析

综合土工格室砂结构层的变形模量和回弹模量进行比较,如图 3.13 所示。图 3.13 表明,无论是变形模量还是回弹模量,150mm×400mm 土工格室砂结构层模量最大,150mm×680mm 土工格室砂结构层次之,然后是 100mm×400mm 土工格室砂结构层,最后是 100mm×680mm 土工格室砂结构层,素砂结构层最小。

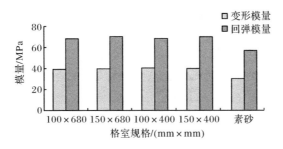

图 3.13　土工格室砂结构层的变形模量和回弹模量比较

3.3.3　试验影响因素分析

1. 土工格室焊距的影响

土工格室焊距是相邻两个格室单元焊点的距离。土工格室主要是通过对土体提供强大的侧向限制力和侧壁摩擦力来达到提高强度的目的,而土工格室焊距大小对土工格室提供的侧向限制力和侧壁摩擦力的大小有很大联系。焊距越小,格室单元越小,侧向限制力就越强,侧壁摩擦力也越大,所以从理论上看,焊距越小的土工格室结构层强度越高。

图 3.14 为素土和压实度为 90% 左右的格室土结构层荷载-位移曲线。从图中可以看出,素土结构层的荷载-位移曲线在荷载小于 375kPa 时表现出良好的线性关系,375kPa 时出现拐点。两种土工格室土结构层的荷载-位移曲线比较平缓,并无明显拐点。在相同的荷载作用下,150mm×400mm 土工格室土结构层位移最小,150mm×680mm 土工格室土结构层次之,但是和 150mm×400mm 土工格室土结构层相差不大,两者比素土结构层位移小得多。由表 3.4 计算可得,150mm×400mm、150mm×680mm 土工格室土结构层变形模量比素土分别提高 19.3%、15.55%,两种土工格室土结构层的承载力明显比素土承载力高出许多。并且可以看出,格室焊距越小,承载力越高,模量越大,但是两者之间的差别并不显著。

图 3.15、图 3.16 为土工格室砂结构层相同高度、不同焊距的荷载-位移曲线。从图中可以看出,土工格室砂结构层和素砂结构层的荷载-位移曲线都表现出良好的线性关系,并无明显的拐点。图 3.15 中,在相同荷载作用下,150mm×400mm 土工格室砂结构层位移最小,150mm×680mm 土工格室砂结构层次之,但是两者位移的差别在荷载较小时微小,随着荷载的增加,才开始慢慢增大,而素砂结构层位移显然是最大的。图 3.16 中,在相同荷载作用下,100mm×400mm 土工格室砂结构层位移最小,100mm×680mm 土工格室砂结构层次之,素砂最大。两个图中

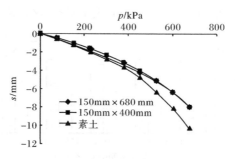

图 3.14　素土和压实度为 90％左右的土工格室土结构层荷载-位移曲线

曲线表明,土工格室砂结构层的承载力明显比素砂结构层高,这一点在表 3.7 中已经说明,而且土工格室砂结构层模量比素砂提高 31％～36％。不同焊距土工格室砂结构层之间也有一个明显的特点:在最初的几级荷载,两种土工格室砂结构层的荷载-位移曲线差别较小,第 5 级荷载以后,荷载-位移曲线差异增大,焊距 680mm 的土工格室砂结构层变形大于焊距 400mm 的土工格室砂结构层。在压实度相同的情况下,焊距小的土工格室砂结构层的承载力和模量比焊距大的土工格室砂结构层略微偏大,但并无显著差异。

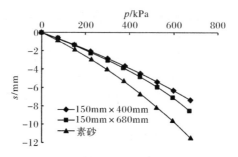

图 3.15　高度 150mm 格室砂结构层荷载-位移曲线

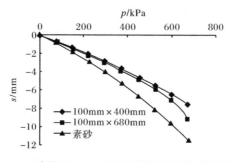

图 3.16　高度 100mm 格室砂结构层荷载-位移曲线

2. 土工格室高度的影响

土工格室高度是土工格室指标之一,一般常用的土工格室高度为 100mm、150mm、200mm。土工格室高度直接影响土工格室侧向限制力的大小。从加固机理来说,土工格室的高度越高,侧向限制力越大,侧壁摩擦力也越大。本次试验做了 5 组对比试验,用了两种填料和两种压实度。

图 3.17 为素土和压实度为 90%左右的土工格室土结构层荷载-位移曲线。由图可以看出,曲线都表现出良好的线性关系,素土结构层在第 5 级荷载有明显的拐点,土工格室土结构层曲线比较平缓,无明显拐点。在同一荷载作用下,高度 150mm 的土工格室土结构层位移最小,素土结构层位移最大,高度 100mm 的土工格室土结构层位移稍大于高度 150mm 的土工格室土结构层,但差异不大。从表 3.4 和表 3.6 中也可以看出,150mm×680mm 土工格室土结构层模量比 100mm×680mm 土工格室土结构层大,但是两者差异很小。图 3.17 中也表现出,在最初几级荷载作用下,土工格室土结构层的荷载-位移曲线差异较小,随着荷载增加,第 5 级荷载以后,曲线差异增大,高度 100mm 的土工格室土结构层位移大于高度 150mm 的土工格室土结构层。总之,两种土工格室土结构层强度和承载力均大于素土结构层,高度 150mm 的土工格室土结构层略微大于高度 100mm 的土工格室土结构层,但两者差异较小,并不明显,且主要差异表现在第 5 级荷载以后。

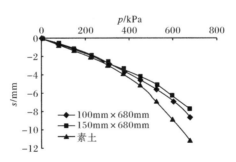

图 3.17　素土和压实度为 90%左右的土工格室土结构层荷载-位移曲线

图 3.18 为素土和压实度为 98%的土工格室土结构层荷载-位移曲线,素土的压实度为 90.6%。从图中可以看出,素土结构层荷载-位移曲线存在明显的拐点,土工格室土结构层荷载-位移曲线则比较平缓,并无明显拐点,有良好的线性关系。由图可知,两种土工格室土结构层强度远远高于素土结构层强度。而且在第 7 级荷载之前,两种高度土工格室土结构层荷载-位移曲线差异非常微小,在第 7 级荷载以后,差异开始增大,并且高度 150mm 的土工格室土结构层沉降位移小于高度 100mm 的土工格室土结构层。由表 3.4 和表 3.6 也可得知,这两种土工格室土结构

层中,高度为 150mm 的土工格室土结构层模量稍微偏大,但是两者差异很小。

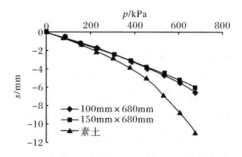

图 3.18　素土和压实度为 98% 的土工格室土结构层荷载-位移曲线

　　图 3.19 和图 3.20 为素砂土工格室砂结构层荷载-位移曲线。如图中所示,曲线规律和黄土填料格室结构层大致相同,图中荷载-位移曲线都无明显拐点,在相同荷载作用下,高度 150mm 的土工格室砂结构层沉降位移最小,素砂结构层最大。高度 100mm 的土工格室砂结构层沉降位移与高度 150mm 的土工格室砂结构层相差不大,特别是在前 6 级荷载作用下,两种高度土工格室砂结构层的荷载-位移曲线差异非常微小,在第 6 级荷载以后差异逐渐增大,高度 150mm 的土工格室砂结构层沉降位移小于高度 100mm 的土工格室砂结构层。从表 3.7 和表 3.8 中也可以看出,不同规格的土工格室砂结构层模量虽然有差别,但是差别不大。从加固效果来看,两者都达到了加固的目的。

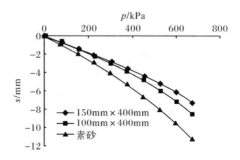

图 3.19　400mm 焊距土工格室砂结构层荷载-位移曲线

3. 压实度的影响

　　压实度的大小和土基强度有直接的联系,同样土工格室结构层内填料的压实度直接影响土工格室结构层的强度。在土工格室中填入填料,此时土工格室与填料组成复合体,共同承受上部荷载。若土工格室中填料压实度低,在荷载的作用下将会发生较大的压缩变形;同时格室侧壁与填料间的摩擦力也小(侧向力小,摩擦力就小),从而影响了土工格室侧向限制力、格室侧壁与填料摩擦力的发挥。土

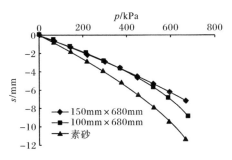

图 3.20　680mm 焊距土工格室砂结构层荷载-位移曲线

工格室结构层的刚度也会减小,甚至在荷载作用下将沿格室壁下滑,产生破坏。填料压实度较高时,在荷载作用下,填料的竖向压缩变形很小,侧向力大,与格室侧壁的摩擦力也大,填料很难滑动,使土工格室的侧向限制力、格室侧壁与填料摩擦力,以及土工格室结构层柔性筏基的作用得到充分发挥。从而使格室与填料组成一个整体,可增大承受荷载面积,达到提高地基强度和承载力的目的。

本节试验填料压实度分为两种:一种为 90% 左右;另一种为 95% 以上。将表 3.4 和表 3.6 的计算结果汇总,见表 3.9。100mm×680mm 土工格室土结构层在压实度为 89.8% 时变形模量提高了 13.94%,回弹模量提高了 5.75%;在压实度为 98% 时,变形模量提高了 22.60%,回弹模量提高了 14.31%。可见压实度高的格室结构层变形模量和回弹模量分别比压实度低的格室结构层变形模量和回弹模量高出了 8.66%、8.56%。150mm×680mm 土工格室土结构层压实度为 90.1% 时变形模量提高了 15.55%,回弹模量提高了 6.05%;压实度为 98% 时,变形模量提高了 24.29%,回弹模量提高了 15.90%。可见压实度高的格室结构层变形模量和回弹模量分别比压实度低的格室结构层变形模量和回弹模量高出 8.74%、9.85%。

表 3.9　不同压实度土工格室土结构层模量对比

格室规格/(mm×mm)	100×680		150×680	
压实度/%	89.8	98.0	90.1	98.0
变形模量/MPa	42.5	45.73	43.10	46.36
变形模量提高的百分比/%	13.94	22.60	15.55	24.29
回弹模量/MPa	62.933	68.031	63.111	68.973
回弹模量提高的百分比/%	5.75	14.31	6.05	15.90
两者的差别	8.66%(变形)、8.56%(回弹)		8.74%(变形)、9.85%(回弹)	

图 3.21、图 3.22 为两种压实度为 100mm×680mm 和 150mm×680mm 的土工格室土结构层荷载-位移曲线。可以看出,荷载-位移曲线比较平缓,并无明显拐

点,在同一荷载作用下,压实度高的格室结构层沉降位移比压实度低的格室结构层小。随着荷载级数的增加,两者之间的差异不断增大。正如表 3.9 中的模量变化规律,荷载-位移曲线也明显地反映出这一规律,即压实度高的土工格室土结构层承载力和模量比压实度低的土工格室土结构层高得多。

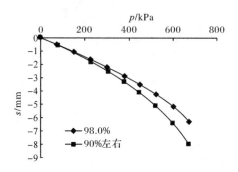

图 3.21　两种压实度 100mm×680mm 的土工格室土结构层荷载-位移曲线

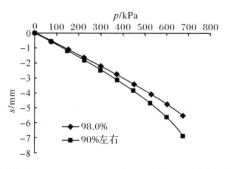

图 3.22　两种压实度 150mm×680mm 的土工格室土结构层荷载-位移曲线

　　图 3.23 为两种土工格室土结构层和素土结构层的荷载-位移曲线,图中100mm×680mm 土工格室土结构层压实度为 89.8%,100mm×400mm 土工格室土结构层压实度为 87.2%。从图中可以看出,在同一荷载作用下,100mm×400mm 土工格室土结构层沉降位移较大,100mm×680mm 土工格室土结构层沉降位移较小。由上面讨论得知,焊距 400mm 的格室结构层沉降位移略偏小,但此处却偏大,这主要是因为焊距 400mm 的格室结构层压实度较低。

　　压实度对土工格室结构层强度有着明显的影响,但土工格室的加入对土工格室结构层的压实度也有很大影响。由于土工格室是三维立体结构,当对结构层进行压实时,有一部分压实功作用于土工格室内填料,对格室填料进行压实,但还有一部分压实功直接作用于土工格室片材而直接被传递到垫层地基上,同时土工格室侧壁与填料土的摩擦作用也抵消了一部分压实功。因此,在对素土结构层和土工格室结构层作用相同压实功(压实遍数相同)时,素土结构层的压实度要比土工

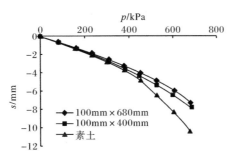

图 3.23　两种土工格室土结构层和素土结构层荷载-位移曲线

格室结构层压实度高。图 3.23 中,100mm×400mm 土工格室土结构层与素土结构层在相同击实遍数下,压实度分别为 87.2%、90.6%,因此在荷载的最初阶段,它们的荷载-位移曲线基本重合。在相同荷载作用下,100mm×680mm 土工格室土结构层的位移小于 100mm×400mm 土工格室土结构层与素土结构层。为了保证试验中各种结构层的压实度相同,要增大对土工格室结构层的压实功(压实遍数),使它的压实度满足试验要求。

4. 填料的影响

从土工格室作用机理看,在荷载作用时土工格室可以对格室内的填料提供强大的侧限作用,同时格室壁对填料产生向上的摩擦力。正是因为这两种作用,填料和土工格室组成的复合体的黏聚力迅速提高,从而使复合体的抗剪强度和承载力得到提高,而内摩擦角则提高不大。黄土和粗砂相比,黄土具有一定的黏聚力,而粗砂则没有,因此粗砂的加固效果比黄土好。从加固机理上来说,黏聚力小的填料,加固效果更好。

本节试验用了两种填料进行对比,一种是有黏聚力的黄土,另一种是黏聚力接近于 0 的粗砂。表 3.10 为两种填料的土工格室结构层模量提高百分比对比。从表中可以看出,粗砂填料土工格室结构层变形模量提高 31%～36%,而黄土填料土工格室结构层变形模量提高 10%～20%(100mm×400mm 格室结构层压实度偏低),粗砂填料的提高量要比黄土填料的提高量高出 15%～20%。黄土填料土工格室结构层回弹模量提高 5%左右,而粗砂填料土工格室结构层回弹模量提高 20%左右,粗砂填料大致也要高出黄土填料 15%。

图 3.24、图 3.25 为黄土和粗砂填料土工格室结构层变形模量和回弹模量柱状图。从试验数据看,土工格室加固粗砂的效果要比加固黄土的效果好,因此可以认为土工格室加固黏聚力小的填料要比黏聚力大的填料效果更好。

表 3.10　两种填料的土工格室结构层模量提高百分比

格室规格 /(mm×mm)	变形模量提高百分比/%		回弹模量提高百分比/%	
	黄土	粗砂	黄土	粗砂
100×680	13.94	31.01	5.75	18.52
150×680	15.55	35.09	6.05	21.31
100×400	8.58	33.49	4.98	20.14
150×400	19.30	35.54	6.50	21.87

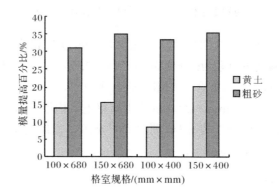

图 3.24　黄土和粗砂填料土工格室结构层变形模量柱状图

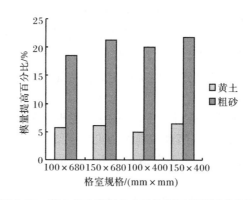

图 3.25　黄土和砂填料格室结构层回弹模量柱状图

3.4　软弱地基上土工格室结构层的压缩性状

为了研究软弱地基上土工格室结构层的压缩性状,本节采用了四种格室,分别以黄土和粗砂为填料,对土工格室结构层进行软弱地基工况下室内静力承载板试验。试验分三种工况,即软弱地基、换填黄土(粗砂)、土工格室结构层,见表 3.11。

表 3.11　软弱地基上土工格室结构层的压缩性状试验内容

组别	格室填料	工　况		
1	黄　土	软弱地基	换填黄土	100mm×400mm 土工格室结构层
2		软弱地基	换填黄土	150mm×400mm 土工格室结构层
3		软弱地基	换填黄土	150mm×680mm 土工格室结构层
4	粗　砂	软弱地基	换填粗砂	100mm×400mm 土工格室结构层
5		软弱地基	换填粗砂	150mm×400mm 土工格室结构层
6		软弱地基	换填粗砂	150mm×680mm 土工格室结构层
7		软弱地基	换填粗砂	150mm×800mm 土工格室结构层

3.4.1　黄土填料的土工格室结构层试验

本节分别进行了软弱地基、换填黄土、土工格室结构层的承载板试验。换填黄土的厚度和土工格室结构层铺设厚度基本一致，均为 15～20cm(视土工格室结构层的高度而定)。软弱地基和处理后的地基承载力取竖向位移 10mm 和 15mm 时对应的荷载来判断。

图 3.26～图 3.28 分别为 100mm×400mm、150mm×400mm、150mm×680mm 土工格室结构层、换填黄土和软弱地基的荷载-位移曲线。表 3.12 为软弱地基经土工格室处治、换填黄土和不处理三种工况下的承载力计算结果。

从图 3.26 可以看出，土工格室结构层的荷载-位移曲线比较平缓，无明显拐点；图 3.27 可以看出，换填黄土的荷载-位移曲线在 150kPa 时出现明显拐点；从图 3.28 可以看出，换填黄土的荷载-位移曲线在 200kPa 时出现明显拐点。在同一荷载作用下，软弱地基的竖向位移比换填黄土和土工格室结构层要大得多，土工格室结构层的竖向位移最小。从荷载-位移曲线及特定位移值时的承载力测试结果来看，经土工格室处理后的软弱地基的承载力得到了很大提高，说明用土工格室结构层处理软弱地基效果显著，是一种行之有效的处理软弱地基的简便方法。

由表 3.12 可知，对模拟厚度为 1.5m 软弱地基，在其上面铺设土工格室结构层以后，在竖向位移为 10mm 时，地基的承载力大于 170kPa；在竖向位移为 15mm 时，地基的承载力达到 230kPa 以上。与软弱地基相比，地基承载力提高 6 倍以上。

从表 3.12 还可以看出，采用换填黄土方法也能提高软弱地基承载力，在竖向位移为 10mm 时其地基承载力可达 130kPa 以上；在竖向位移为 15mm 时地基承载力可达 170kPa 以上。与软弱地基相比，地基承载力提高 4 倍以上。

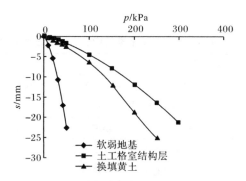

图 3.26　100mm×400mm 土工格室结构层、换填黄土和软弱地基的荷载-位移曲线

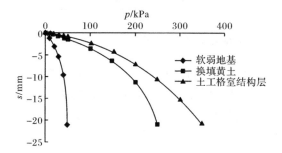

图 3.27　150mm×400mm 土工格室结构层、换填黄土和软弱地基的荷载-位移曲线

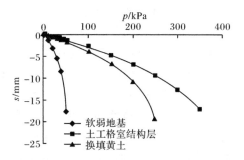

图 3.28　150mm×680mm 土工格室结构层、换填黄土和软弱地基的荷载-位移曲线

表 3.12　黄土填料土工格室处理软弱地基承载力计算结果

格室规格 /(mm×mm)	地基承载力/kPa			$\frac{(2)}{(1)}$	$\frac{(3)}{(1)}$	$\frac{(3)-(2)}{(2)}\times100\%$
	竖向位移 /mm	软弱地基 (1)	换填黄土 (2)	土工格室结构层 (3)			
100×400	10	28.87	131.59	174.90	4.56	6.06	32.91%
	15	36.88	172.07	233.51	4.67	6.33	35.71%

续表

格室规格/(mm×mm)	地基承载力/kPa				$\frac{(2)}{(1)}$	$\frac{(3)}{(1)}$	$\frac{(3)-(2)}{(2)}\times100\%$
	竖向位移/mm	软弱地基(1)	换填黄土(2)	土工格室结构层(3)			
150×400	10	30.35	185.76	240.06	6.12	7.91	29.23%
	15	34.79	218.66	297.46	6.29	8.55	36.04%
150×680	10	41.79	193.74	258.85	4.64	6.19	33.61%
	15	47.57	226.28	327.70	4.76	6.89	44.82%

虽然换填黄土的软弱地基强度提高很大,但铺设土工格室结构层地基的承载力要高出换填黄土的地基承载力 30%～50%。而且随着竖向位移的增大,地基承载力提高的程度越高。这主要是由于土工格室的侧向限制作用能有效地阻止黄土滑动面的形成和发展,使得土工格室中粒料的强度和刚度远大于单纯粒料的强度和刚度,形成一完整的结构层,起到类似于筏板基础的作用。而且当竖向位移增大时,土工格室的抗拉性能得到充分发挥,而地基却不具备抗拉性能,所以位移越大,土工格室结构层的效果就越明显。

就地基承载力而言,几种规格的土工格室结构层均取得了理想效果,测试结果没有显著差异。这表明,当采用土工格室柔性结构层加固浅层软弱地基时,土工格室高度在 100～150mm、焊距 400～680mm 变化时,都能满足使用要求。

3.4.2　粗砂填料的土工格室结构层试验

本节进行了四组试验,测试特定位移下软弱地基的承载力、换填粗砂的承载力和土工格室结构层的承载力。换填粗砂厚度和格室结构层厚度基本保持相同,视土工格室的高度而定(一般为 150～200mm)。经土工格室处治、换填粗砂和不处理的软弱地基承载力取竖向位移 10mm 和 15mm 时对应的荷载来判断。

图 3.29～图 3.32 为四种不同规格的土工格室结构层、换填粗砂和软弱地基的荷载-位移曲线。从图中可以看出,荷载-位移曲线都较平缓,除了软弱地基以外均无明显拐点,但曲线间存在很大的差异。在同一荷载作用下,软弱地基的竖向位移明显大于换填粗砂和土工格室结构层,土工格室结构层的竖向位移最小,换填粗砂次之。在特定位移下的软弱地基、换填粗砂和土工格室结构层的承载力测试结果见表 3.13。经过土工格室处理过的软弱地基,承载力得到了很大的提高,说明软弱地基上铺设土工格室的处理方法效果显著。

从表 3.13 可以看出,在模拟厚度为 1.5m 的软弱地基上铺设土工格室结构层后,在竖向位移为 10mm 时,地基承载力达到了 190kPa 以上;在竖向位移为 15mm 时,地基承载力达到了 230kPa 以上,比软弱地基提高 6 倍以上。

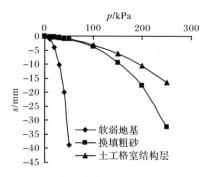

图 3.29　100mm×400mm 土工格室结构层、换填粗砂和软弱地基的荷载-位移曲线

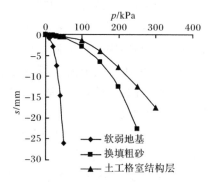

图 3.30　150mm×400mm 土工格室结构层、换填粗砂和软弱地基的荷载-位移曲线

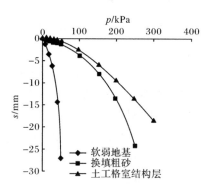

图 3.31　150mm×680mm 土工格室结构层、换填粗砂和软弱地基的荷载-位移曲线

从表 3.13 还可以看出,用换填粗砂处理的软弱地基,效果也比较明显。在竖向位移为 10mm 时,地基承载力达到 150kPa 以上;在竖向位移为 15mm 时,地基承载力达到 180kPa 以上,比软弱地基的承载力提高 4 倍以上。

虽然换填粗砂处理的软弱地基承载力得到了很大提高,但是土工格室结构层

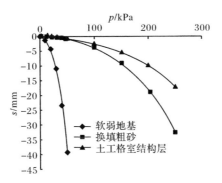

图 3.32　100mm×680mm 土工格室结构层、换填粗砂和软弱地基的荷载-位移曲线

处理的地基承载力要比换填粗砂的地基承载力高出 24%～31%。这是因为粗砂黏聚力接近于 0,加入土工格室以后,由于土工格室限制侧向位移的作用,有效地阻止了松散材料滑动面的形成和发展,使土工格室结构层中粒料的强度和刚度远大于单纯粒料的强度和刚度。土工格室和粒料组成一个复合体结构层,共同承受荷载,并且该结构层在荷载作用下具有抗拉性能。

表 3.13　粗砂填料土工格室处理软弱地基承载力计算结果

| 格室规格 /(mm×mm) | 地基承载力/kPa | | | $\dfrac{(2)}{(1)}$ | $\dfrac{(3)}{(1)}$ | $\dfrac{(3)-(2)}{(2)}\times100\%$ |
	竖向位移 /mm	软弱地基 (1)	换填粗砂 (2)	土工格室结构层 (3)		
100×400	10	29.49	153.16	193.07	5.19	6.55	26.06%
	15	34.82	184.26	236.89	5.29	6.80	28.56%
150×400	10	33.57	179.50	223.91	5.35	6.67	24.74%
	15	40.33	212.68	274.71	5.27	6.81	29.17%
150×680	10	34.88	167.26	209.64	4.80	6.01	25.34%
	15	40.50	206.88	265.41	5.11	6.55	28.29%
100×680	10	28.63	153.74	199.44	5.37	6.97	29.73%
	15	33.29	180.16	234.86	5.41	7.05	30.36%

由上述可知,对于在软弱地基上铺设的土工格室结构层承载力而言,不同规格的土工格室结构层并无明显区别,相对于软弱地基,承载力提高的倍数基本在 6～7 倍。

第4章 土工格室结构层剪切性状

4.1 概 述

建筑物地基在外荷载作用下将在土中产生剪应力和剪切变形,土体具有抵抗剪应力的潜在能力——剪阻力或抗剪力,它随着剪应力的增加而逐渐发挥[84~86]。当剪阻力完全发挥时,土体就处于剪切破坏的极限状态,此时剪应力达到极限,这个极限值就是土的抗剪强度。土的抗剪强度是指土体抵抗剪切破坏的极限能力。若土中某一点的剪应力达到抗剪强度,该点产生剪切破坏,地基土中产生剪切破坏的区域随着荷载的增加而扩展,最终形成连续的滑动面,则地基土因发生整体剪切破坏而丧失稳定性[87]。在实际工程中,与土的抗剪强度有关的工程问题主要有三类:第一类是建筑物地基承载力问题,即基础下地基的土体产生整体滑动或局部剪切破坏而导致过大的地基变形甚至倾覆,如图 4.1(a)所示;第二类是土坡的稳定性问题,如土坝、路堤等填方边坡及天然土坡等,在超载、渗流或暴雨作用下引起土体强度破坏后将产生整体失稳、边坡滑坡等事故,如图 4.1(b)所示;第三类是构筑物环境的安全性问题,即土压力问题,如挡墙、基坑等工程中,墙后土体强度破坏将造成过大的侧向土压力,导致墙体滑动、倾覆或支挡结构破坏,如图 4.1(c) 和(d)所示。

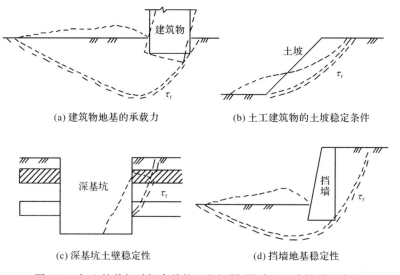

(a) 建筑物地基的承载力   (b) 土工建筑物的土坡稳定条件

(c) 深基坑土壁稳定性   (d) 挡墙地基稳定性

图 4.1 与土的剪切破坏有关的工程问题(滑动面上为抗剪强度)

4.1.1　土的抗剪强度理论

1. 库仑公式及抗剪强度指标

1776 年,法国科学家库仑对承受不同压力条件下的砂土试样进行了剪切试验,试验结果如图 4.2(a)所示。根据这一试验结果,库仑总结出砂土的抗剪强度可表示为滑动面上法向应力的函数,即

$$\tau_f = \sigma \tan\varphi \tag{4.1}$$

而后他又根据黏性土的试验结果[图 4.2(b)]提出了适合黏性土的更为普遍的抗剪强度表达式,即

$$\tau_f = c + \sigma \tan\varphi \tag{4.2}$$

式中:τ_f 为抗剪强度,kPa;σ 为剪切滑动面上的法向应力,kPa;c 为土的黏聚力,kPa;φ 为土的内摩擦角,(°)。

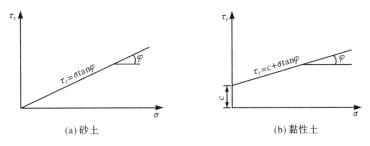

图 4.2　抗剪强度与法向应力之间的关系

式(4.1)和式(4.2)统称为库仑公式或库仑定律,c、φ 称为抗剪强度指标,库仑公式在 τ_f-σ 坐标系中为两条直线。由库仑公式可以看出,无黏性土的抗剪强度与剪切面上的法向应力成正比,其本质是土粒之间的滑动摩擦及凹凸面间的镶嵌作用所产生的摩擦力大小取决于土粒表面的粗糙度、土的密实度及颗粒级配等因素。黏性土的抗剪强度由两部分组成:一部分是摩擦力;另一部分是土粒之间的黏聚力,它是由黏土颗粒之间的胶结作用和静电引力效应等因素引起的。

2. 莫尔-库仑强度理论

1910 年,莫尔提出材料的破坏是剪切破坏,当土体内任一平面上的剪应力等于材料的抗剪强度时该点就发生破坏,并提出在破坏面上的剪应力即抗剪强度 τ_f 是该面上法向应力的函数,即

$$\tau_f = f(\sigma) \tag{4.3}$$

这个函数在 τ_f-σ 坐标系中是一条曲线,称为莫尔强度包络线,简称莫尔包线

或抗剪强度包线,如图 4.3 中实线所示,莫尔包线表示材料受到不同应力作用达到极限状态时,剪切破坏面上法向应力 σ 与抗剪强度 τ_f 的关系。在一定压力范围内,土的莫尔包线通常可以近似地用直线代替,如图 4.3 中虚线所示,该直线方程就是库仑公式表达的方程。由库仑公式表示莫尔包线的强度理论,称为莫尔-库仑强度理论。

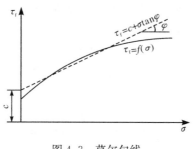

图 4.3　莫尔包线

4.1.2　土的抗剪强度试验

测定土的抗剪强度指标的试验方法主要有室内剪切试验和现场剪切试验两大类。室内剪切试验常用的方法有直接剪切试验、三轴压缩试验和无侧限抗压强度试验等,现场剪切试验常用的方法主要有十字板剪切试验和大型现场直剪试验等。

1. 直接剪切试验

直接剪切仪分为应变控制式和应力控制式两种。前者是控制试样产生一定位移,如量力环中量表指针不再前进,表示试样已剪坏,测定其相应的水平剪应力;后者则是对试件分级施加水平剪应力,同时测定相应的位移。直接剪切试验是测定土抗剪强度最简单的方法,它所测定的是土样预定剪切面上的抗剪强度。试验时对同一种土取 3~4 个试样,分别在不同的法向应力下剪切破坏,一般取垂直压力为 100kPa、200kPa、300kPa、400kPa,测得对应法向应力下的抗剪强度 τ_f,将试验结果绘制成抗剪强度 τ_f 与法向应力 σ 之间的关系曲线。

2. 三轴压缩试验

三轴压缩试验又称为三轴剪切试验,是一种较完善的测定土抗剪强度的试验方法。三轴压缩仪由压力室、轴向加荷系统、施加周围压力系统、孔隙水压力量测系统等组成。将土切成圆柱体套在橡胶膜内,放在密封的压力室中,然后向压力室内压入水,使试件受到各个方向的压力,并使压力在整个试验过程中保持不变,这时试件内各向的三个主应力都相等,因此不发生剪应力。然后再通过传力杆对试件施加竖向压力,这样竖向主应力就大于水平向主应力,当水平向主应力保持不变,而竖向主应力逐渐增大时,试件最终受剪破坏。

4.2　土工格室结构层直剪试验

目前国内外对土工格室结构层剪切性状的研究很少[88~92],本节研究土工格室结构层水平方向与 45°方向剪切时加筋土体的黏聚力和内摩擦角,选用黄土和砂两种填料,通过自行设计的剪切装置开展土工格室结构层直剪性状研究。另外,为研究土工格室结构层的强度及其变化规律,采用三轴试验系统(geotechnical digital systems,GDS)装置进行常规三轴剪切试验。

4.2.1　试验目的与内容

1. 试验目的

通过剪切模型试验,主要测试结构层水平方向和 45°方向剪切时土工格室加筋土体的黏聚力和内摩擦角,分析土工格室对黏聚力和内摩擦角的影响。

2. 试验内容

土工格室的大模型剪切试验按剪切的方向可分为水平剪切和斜 45°剪切,所用的填料有黄土和中砂两种。格室规格选三种,即 150mm×400mm、150mm×680mm、150mm×800mm。具体试验内容见表 4.1。

表 4.1　土工格室大模型剪切试验内容

剪切方式	填料	格室规格/(mm×mm)	组数	所测参数
水平剪切	黄土	150×400	4	c、φ 值,强度包线
		150×680	4	c、φ 值,强度包线
		150×800	4	c、φ 值,强度包线
		素土	4	c、φ 值,强度包线
	中砂	150×400	4	c、φ 值,强度包线
		150×680	4	c、φ 值,强度包线
		150×800	4	c、φ 值,强度包线
		素砂	4	c、φ 值,强度包线

剪切方式	填料	格室规格/(mm×mm)	组数	所测参数
斜45°剪切	黄土	150×400	4	c、φ值,强度包线
		150×680	4	c、φ值,强度包线
		150×800	4	c、φ值,强度包线
		素土	4	c、φ值,强度包线
	中砂	150×400	4	c、φ值,强度包线
		150×680	4	c、φ值,强度包线
		150×800	4	c、φ值,强度包线
		素砂	4	c、φ值,强度包线

4.2.2　试验方案设计

试验在实验室中进行。大模型剪切试验原理与室内剪切试验完全相同,但由于现场试验设施的限制,采用三个剪切盒,在上、下剪切盒固定的条件下,施加竖向垂直压力,并对中间的剪切盒进行水平剪切。土工格室采用两种铺设方式,即水平铺设和45°铺设。

1. 剪切盒设计

剪切盒的外围尺寸为50cm×50cm×17cm,除去钢板厚度后为48cm×48cm×17cm,一组试验由三个剪切盒组成。为保证剪切盒的强度,在盒外加焊钢板,如图4.4所示。

图4.4　剪切盒

2. 试验材料的选取

试验所用土工格室材料与压缩性状试验材料相同,采用中国石化燕山石化公司生产的土工格室。剪切试验压实黄土土样指标见表4.2,剪切试验黄土颗粒分析结果如图4.5所示。剪切试验中砂土样指标见表4.3,中砂的筛分试验见表4.4和图4.6。

表4.2　剪切试验压实黄土土样指标

最佳含水率/%	最大干密度/(g/cm³)	塑限/%	液限/%	塑性指数	黏聚力/kPa	内摩擦角/(°)
13.91	1.91	21.30	31.86	10.56	31.81	32

表4.3　剪切试验中砂土样指标

类别	最大干密度/(g/cm³)	黏聚力/kPa	内摩擦角/(°)
中砂	1.71	2.5	42

表4.4　各粒径范围内的中砂含量

中砂粒径/mm	2	1	0.5	0.25	0.074
小于该粒径的中砂含量/%	99.64	97.33	75.91	20.62	0.82

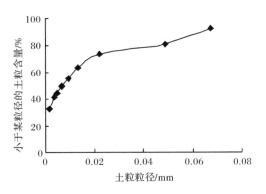

图4.5　剪切试验黄土颗粒分析

3. 剪切试验的测试系统

剪切试验所需竖向力通过液压千斤顶和反力系统施加,剪切力的加载通过水平千斤顶实现。竖向力和水平力的大小通过两个传感器由电子应变仪测得。由于剪切时需要控制剪切速度,在水平千斤顶上布置千分表,由千分表控制剪切速度。剪切试验测试系统及设备如图4.7和图4.8所示。

加筋土体的黏聚力和内摩擦角是影响加筋土体抗剪强度的直接因素,因此准确测定和比较加筋土体的黏聚力和内摩擦角可以直接看出加筋效果。剪切盒内的填料压实度用质量控制法控制,即根据已测得填料的最大干密度、最佳含水率、填料的含水率、剪切盒的体积,按压实度为90%反算所需填料质量,然后将这些质量的填料压入剪切盒内。

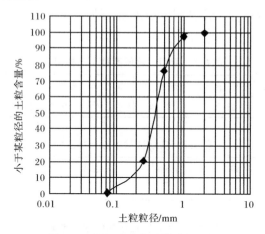

图 4.6　剪切试验中砂筛分级配图

图 4.7　剪切试验测试系统

图 4.8　剪切试验设备

4. 试验方法

本次试验参照 JTG E40—2014《公路土工试验规程》进行,剪切速度小于 0.8mm/min,试验终止标准是剪切力减小或者剪切位移达到 5cm。

4.2.3　试验结果分析

1. 土工格室结构层的平面剪切试验结果分析

由于土工格室的加筋作用,土体整体性增强,承载力和模量都得到了提高。本次剪切试验的剪切面就是土工格室结构层层间的土层。共进行了素土(砂)和三种规格土工格室结构层的剪切试验,每种工况至少四组试验。试验结果如图 4.9~图 4.12 和表 4.5 所示。

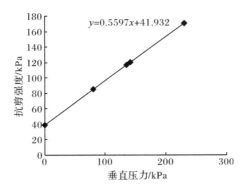

图 4.9　素土大型剪切试验强度线

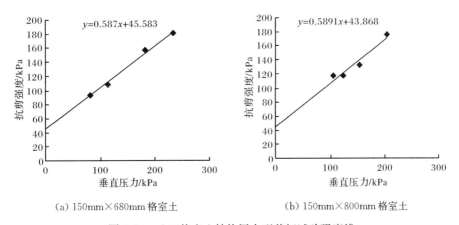

(a) 150mm×680mm 格室土　　　　(b) 150mm×800mm 格室土

图 4.10　土工格室土结构层大型剪切试验强度线

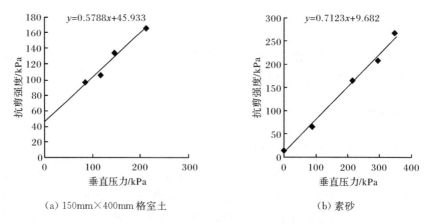

(a) 150mm×400mm 格室土　　　　　　　　(b) 素砂

图 4.11　土工格室土结构层、素砂结构层大型剪切试验强度线

　　由表 4.5 可知,土工格室加筋黄土和中砂的抗剪强度在一定程度上得到了改善。黄土填料土工格室结构层内摩擦角增大 0.82°～1.26°,提高的百分比为 2.80%～4.31%;黏聚力提高 1.94～4.00kPa,提高的百分比为 4.63%～9.54%。中砂填料土工格室结构层内摩擦角提高了 0.17° 和 0.29°,提高的百分比为 0.48% 和 0.82%;黏聚力提高了 5.12kPa、5.42kPa,提高的百分比为 52.89%、55.99%。

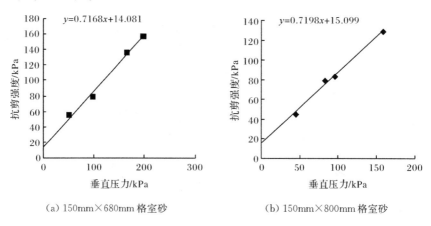

(a) 150mm×680mm 格室砂　　　　　　　　(b) 150mm×800mm 格室砂

图 4.12　土工格室砂结构层大型剪切试验强度线

表 4.5　土工格室结构层平面剪切强度结果

填土类型	格室规格 /(mm×mm)	内摩擦角 /(°)	黏聚力 /kPa	内摩擦角 提高值 /(°)	内摩擦角 提高百分 比/%	黏聚力 提高 值/kPa	黏聚力提高 百分比 /%
黄土	素土	29.24	41.93	—	—	—	—
	150×400	30.06	45.93	0.82	2.80	4.00	9.54
	150×680	30.41	45.58	1.17	4.00	3.65	8.70
	150×800	30.50	43.87	1.26	4.31	1.94	4.63
中砂	素砂	35.46	9.68	—	—	—	—
	150×680	35.63	14.80	0.17	0.48	5.12	52.89
	150×800	35.75	15.10	0.29	0.82	5.42	55.99

　　总的来说,土工格室加筋黄土和中砂的抗剪强度有所提高。从试验结果看,对于黄土而言,内摩擦角和黏聚力提高不大;相对而言,黏聚力提高幅度比内摩擦角大。对于中砂而言,内摩擦角提高了 0.48% 和 0.82%,影响很小,但黏聚力提高幅度较大,提高的百分比为 52.89% 和 5.99%。

　　从试验结果来看,不同规格的土工格室结构层平面剪切试验结果基本相同,焊距和高度的影响较小,因此可认为格室规格对剪切性状并无显著影响。

　　2. 土工格室结构层的斜面剪切试验结果分析

　　试验结果如图 4.13、图 4.14 和表 4.6 所示。从表 4.6 可以看出,土工格室加筋黄土和中砂的抗剪强度有了明显的提高。黄土填料土工格室结构层内摩擦角分别提高 1.88°、1.21°、2.43°,提高的百分比分别为 6.43%、4.14%、8.31%;黏聚力分别提高了 18.43kPa、11.78kPa、15.20kPa,提高的百分比分别为 43.95%、28.09%、36.25%。中砂填料土工格室结构层内摩擦角分别提高 3.28°、1.21°、

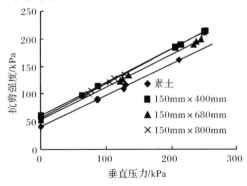

图 4.13　黄土填料土工格室结构层大型剪切试验强度线

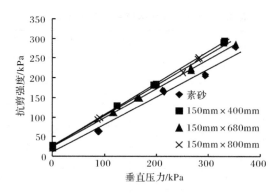

图 4.14　中砂填料土工格室结构层大型剪切试验强度线

2.27°,提高的百分比分别为 9.25%、3.41%、6.40%;黏聚力分别提高了
17.28kPa、15.48kPa、18.03kPa,提高的百分比分别为 178.51%、159.92%、
186.26%。两种填料中,由于土工格室的加入,内摩擦角提高值较小,没有明显区
别;中砂填料土工格室结构层黏聚力的提高幅度要比黄土填料高得多,这是由于
中砂黏聚力很小,黄土黏聚力大,基数不一样。但从提高值来看,中砂黏聚力的提
高值略大于黄土。

表 4.6　土工格室结构层斜面剪切强度结果

填土类型	格室规格 /(mm×mm)	内摩擦角 /(°)	黏聚力 /kPa	内摩擦角 提高值 /(°)	内摩擦角 提高百分 比/%	黏聚力 提高值 /kPa	黏聚力提高 百分比 /%
黄土	素土	29.24	41.93	—	—	—	—
	150×400	31.12	60.36	1.88	6.43	18.43	43.95
	150×680	30.45	53.71	1.21	4.14	11.78	28.09
	150×800	31.67	57.13	2.43	8.31	15.20	36.25
中砂	素砂	35.46	9.68	—	—	—	—
	150×400	38.74	26.96	3.28	9.25	17.28	178.51
	150×680	36.67	25.16	1.21	3.41	15.48	159.92
	150×800	37.73	27.71	2.27	6.40	18.03	186.26

　　比较图 4.13 和图 4.14 可以看出,规格为 150mm×400mm 和 150mm×
800mm 的土工格室结构层抗剪强度线很接近,图 4.13 中,两条线基本重合,图 4.14
中,两条线稍微有点差别,但非常靠近,无显著差异。但图 4.13 和图 4.14 有个共
同的现象,即 150mm×680mm 土工格室结构层抗剪强度比 150mm×400mm 和
150mm×800mm 的要低,很明显这并非格室焊距的影响,而是由于在试验中所用
的 150mm×400mm 土工格室是由两个单元格组成的,而 150mm×680mm 和

150mm×800mm 土工格室是由一个单元格组成的。这三种土工格室在张拉后的理论长度分别为 616mm（150mm×400mm）、480.76mm（150mm×680mm）、616mm（150mm×800mm）。很明显，150mm×680mm 土工格室的抗剪强度比另外两种规格土工格室低的主要原因是加筋长度比其他两种规格的短，即加筋率小。当把格室材料埋置在剪切盒里时，按照 45°埋置，中间剪切盒的格室长度为282.8mm，而在上、下剪切盒中起到加筋作用的土工格室材料每个剪切面的长度分别为 166.6mm（150mm×400mm）、98.98mm（150mm×680mm）、166.6mm（150mm×800mm）。150mm×400mm 和 150mm×800mm 土工格室在每个剪切面的有效加筋长度比 150mm×680mm 土工格室长 67.62mm，是 150mm×680mm 土工格室加筋长度的 1.68 倍，所以 150mm×680mm 土工格室结构层抗剪强度比其他两种格室低。

土工格室结构层的平面剪切试验与斜面剪切试验相比，由于加筋体的直接参与，斜面剪切强度比平面剪切强度高得多。总的来说，平面剪切加筋体对强度提高不大，而斜面剪切有良好的效果。从提高的强度来说，主要体现在黏聚力得到提高，内摩擦角提高不大。

4.3　土工格室结构层三轴剪切试验

4.3.1　试验方法

土工格室结构层三轴剪切试验是在 GDS 三轴系统上进行的，GDS 三轴系统主要由围压控制器、反压控制器、内压控制器、压力室、轴向加载驱动器、数据量测设备、采集仪器、计算机等组成，该系统可进行三轴剪切试验。通过三轴剪切试验，研究土工格室结构层的强度及其变化规律。由于常规三轴试件的尺寸小（试样尺寸为 $\Phi=10\text{cm}$，$H=20\text{cm}$），在强度特性的研究中，制备三轴试件时，需要将工程中实际使用的土工格室进行处理，以满足室内试验的需要。通过材料比选，三轴试件使用的土工格室由聚乙烯膜通过热黏合而成，考虑到需与实际使用的土工格室强度相似，选用的聚乙烯膜厚 0.5mm，应变为 5%时的强度为 8.15MPa。聚乙烯膜的应力-应变关系如图 4.15 所示。

4.3.2　参数选取

填料选用黄土，其参数见表 4.7。

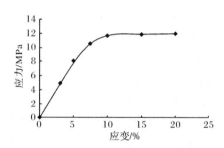

图 4.15　聚乙烯膜的应力-应变关系

表 4.7　三轴剪切试验黄土填料指标

最佳含水率/%	最大干密度/(g/cm³)	塑限/%	液限/%
13.2	1.86	16	25

在试验中,选定的控制含水率为 14%,压实系数为 0.9,相应的干重度为 16.7kN/m³,湿重度为 19.0kN/m³。

平铺的加筋材料选用抗拉强度、刚度较大的镀锌铁皮制成,利用直剪试验测得筋土之间的似摩擦系数为 0.35。

4.3.3　试验内容

试验内容主要包括以下三项:

(1) 无筋土的强度特性试验。

(2) 筋材平铺加筋土的强度特性试验。

(3) 土工格室加筋土的强度特性试验。

其中土工格室加筋土的强度特性试验又分为:①单箍土工格室加筋土,加筋层数 $n=2$,格室直径为 10cm,在相同加筋率条件下,土工格室高度为 2.5cm;②单箍土工格室加筋土,加筋层数 $n=4$,格室直径为 10cm,在与前述加筋土相同加筋率的条件下,土工格室高度为 1.25cm。

4.3.4　试验结果分析

图 4.16~图 4.19 给出了在围压 $\sigma_3=25$kPa、50kPa、100kPa、150kPa 条件下进行的无筋土及加筋土强度特性试验的应力-应变曲线。图 4.20~图 4.23 给出了在围压 $\sigma_3=25$kPa、50kPa、100kPa、150kPa 条件下进行的无筋土及加筋土强度特性试验的应力圆及抗剪强度包线。

由以上试验结果可以看出:

(1) 在土中合理地布设强度、模量均较大的加筋材料,可以显著提高土体的抗

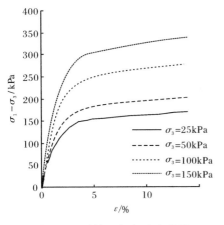

图 4.16　无筋土应力-应变曲线

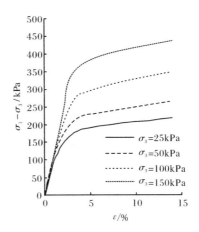

图 4.17　筋材平铺加筋土应力-应变曲线

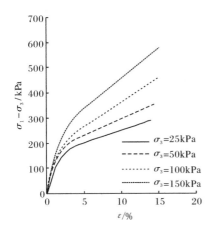

图 4.18　土工格室加筋土($n=2$)应力-应变曲线

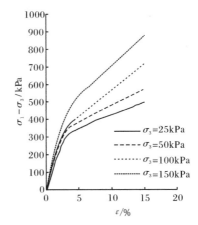

图 4.19　土工格室加筋土($n=4$)应力-应变曲线

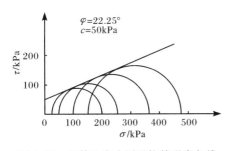

图 4.20　无筋土应力圆及抗剪强度包线

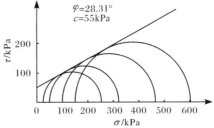

图 4.21　筋材平铺加筋土应力圆及
抗剪强度包线

剪强度,这已被理论分析和许多试验资料所证实。

（2）对于土工格室加筋土，在保证格室结构本身不发生破坏的前提下，其应力-应变曲线表现出加工硬化的特性。加筋方式、加筋密度等对应力-应变曲线形状的影响较大。要使土工格室加筋土强度得以充分发挥，需要较大的应变。

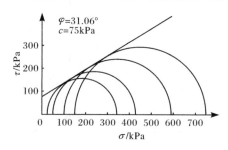

图 4.22　土工格室加筋土（n=2）应力圆及抗剪强度包线

（3）在加筋率相同的条件下，在保证土工格室本身不发生破坏的前提下，无论何种形式的土工格室加筋土，其抗剪强度均高于筋材平铺的一般加筋土的抗剪强度。

（4）在加筋率相同且土工格室平面尺寸也相同的条件下，将高度较大的土工格室变成高度较小的多层土工格室，其加筋土的抗剪强度显著增加。

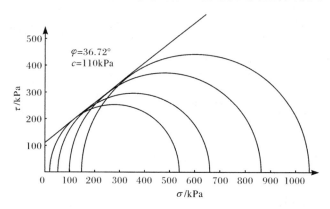

图 4.23　土工格室加筋土（n=4）应力圆及抗剪强度包线

将前述四种试验所测得的无筋土及加筋土抗剪强度指标汇总于表 4.8。

表 4.8　无筋土及加筋土抗剪强度指标汇总

项目	无筋土	筋材平铺加筋土 （n=2）	土工格室加筋土 （n=2）	土工格室加筋土 （n=4）
内摩擦角 φ/（°）	22.25	28.31	31.06	36.72
黏聚力 c/kPa	50	55	75	110

第5章 土工格室结构层拉伸性状

5.1 概 述

土是松散体,本身不具有抗拉强度,采用土工格室加固以后,格室与土组成一个整体,形成一个有抗拉强度的结构层[93~95]。结构层的抗拉强度主要来源于土工格室 HDPE 条带的高抗拉强度。但由于和土组成了整体,它所具备的抗拉性质与材料本身的性质有很大区别。

土工格室是新型的土工合成材料,目前国内外还较少有人进行系统的研究[96]。以往的研究都是针对某一方面的特性,对土工格室作用性状的研究较少,尚无较为完整与系统的设计理论。因此本章采用试验的方法,通过自行设计的装置,对土工格室结构层拉伸性状进行研究[97,98]。

5.2 土工格室结构层拉伸性状试验

5.2.1 试验目的与试验内容

1. 试验目的

土工格室结构层拉伸试验主要测试土工格室结构层在水平拉力作用下的抗拉强度、拉伸模量、格室片材在拉伸过程中的应变变化规律,以及不同位置格室片材在拉伸过程中的应变。

2. 试验内容

试验内容包括土工格室结构层黄土填料和中砂填料的抗拉强度以及格室片材的应变,见表5.1。

表 5.1 土工格室结构层拉伸试验测试内容

填料类型	格室规格/(mm×mm)	测点数	所测参数
黄土	100×400	50	拉力及对应片材的应变
中砂	100×400	50	拉力及对应片材的应变

5.2.2　试验方案设计

为了防止土工格室结构层中填料因为受挤压而挤出,同时与工程实际相符,在结构层上堆载,经初步计算,堆载质量为1.8t。

1. 试验材料设计

本节试验所用黄土、中砂与剪切试验相同。黄土具体指标见表4.2和图4.5,中砂具体指标见表4.3、表4.4和图4.6,土工格室片材的性能指标见表3.2。

2. 试验装置的设计

根据试验需要,选取了1m×1m的100mm×400mm格室,将试验装置设计为三边固定、沿拉伸方向可伸缩的刚框,尺寸为1m×1.5m。为了保证在拉伸过程中刚框不变形,钢板厚度取8mm。沿拉伸方向预留30cm的长度可供土工格室结构层受拉产生伸缩变形,如图5.1所示。

图5.1　土工格室结构层拉伸试验装置

土工格室结构层的拉伸通过水平千斤顶和传感器实现,测试系统与剪切试验相同。传感器和格室刚框之间的连接通过自行设计的装置实现,如图5.2所示。

3. 土工格室结构层拉伸试验格室内应变测点的布置

测点布置在土工格室壁的中间,每个测点布设电阻应变片1片。电阻应变片粘贴位置如图5.3所示,测点布置如图5.4所示,左边为固定端,右边为拉伸端。把格室分为7个断面,每个断面由A、B、C、D、E、F、G表示,断面上的测点由1、2、3、4、5、6、7、8表示。

图 5.2 土工格室结构层拉伸试验传力装置

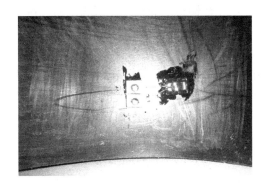

图 5.3 电阻应变片粘贴位置

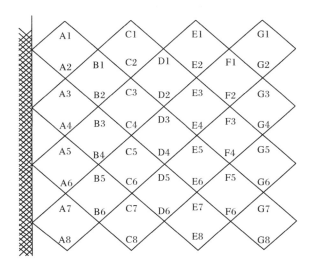

图 5.4 土工格室测点布置

4. 应变片的粘贴和防护

(1) 根据应变片的用途、主要技术参数及选择表,同时考虑到土工格室的拉伸量较大,故选 TA 系列大应变计(TA120-6AA)。

(2) 胶黏剂参照应变胶黏剂的介绍表选用,由于应变计常粘贴在混凝土或钢材上,而本节试验应变计粘贴在塑料上,胶黏剂的选用显得十分重要。通过比选不同胶黏剂与土工格室的胶黏效果(如环氧树脂、502、聚酰亚胺、康达化工胶合剂、聚烯烃等),发现聚烯烃与土工格室侧壁黏性最好,故选择聚烯烃作为本次试验的胶黏剂。

(3) 为防止应变片的引线在试验时因为受力拉坏影响试验,将应变片的引线焊接在紫铜板上,应变片和紫铜板一起粘贴在所测试的材料上。

(4) 用 $220^{\#} \sim 400^{\#}$ 粒度范围的砂纸对构件进行打磨,打磨方向必须沿贴片 $45°$ 方向。

(5) 粘贴表面用丙酮、无水乙醇等有机溶剂单方向清洗,并及时擦干。

(6) 贴片位置可用 3H 铅笔、无油圆珠笔做定位标记。取出应变片,放在清洁的聚四氟乙烯膜上,用浸少量无水乙醇的棉签轻轻擦洗应变片的两个表面,粘贴面朝上干燥备用。

(7) 用毛刷或玻璃棒取适量的聚烯烃均匀地涂刷在粘贴面和格室壁上,晾 15min 后,再刷一层,再晾 25min。然后夹取应变片对准定位标记粘贴,盖上聚四氟乙烯膜,用手指均匀沿同一方向挤压应变片。同样把紫铜板也贴到格室壁上。

(8) 放置耐温硅胶板,固化夹具,放置 24h,使粘贴达到最佳效果。

(9) 将应变片和紫铜板用焊锡焊接好,并把数据传送线也焊接到紫铜板上,检查应变片是否脱落。

(10) 用万用表测试粘贴后的应变片电阻,检查应变片是否断路或短路,并比较粘贴前后应变片电阻的变化,如果正常,则粘贴前后应变片电阻无变化或者变化很小。

(11) 检查完应变片无误后,在应变片和紫铜板上涂聚烯烃防水层。

图 5.5 为应变片的焊接,图 5.6、图 5.7 分别为粘贴了应变片的土工格室和填入填料的土工格室结构层。

5. 试验方法

本节试验根据 GB/T 15788—2017《土工合成材料 宽条拉伸试验方法》和 JTG E50—2006《公路工程土工合成材料试验规程》进行,试验拉伸速度为 0.8mm/min,试验终止标准为土工格室有两处以上拉断。本节试验通过在土工格室壁贴上应变片,测试在结构层受拉力作用下,格室片材的应变及结构层本身的拉伸模量。应变片贴片位置和编号如图 5.4 所示,断面 A、C、E、G 的测点为 8 个,断面 B、D、F 的测点为 6 个。同时，结构层也分为 8 个纵断面，分别为断面 1、2、3、4、5、6、7、8。

图 5.5　应变片的焊接

图 5.6　贴了应变片的土工格室

图 5.7　填入填料的土工格室结构层

5.3　土工格室结构层拉伸性状分析

5.3.1　拉伸强度和拉伸模量

经试验测得,宽度为 1m、长度为 1m 的土工格室结构层拉伸强度和拉伸模量见表 5.2。

表 5.2　土工格室结构层拉伸试验结果

填料类型	含水率 /%	压实度 /%	拉伸距离 /cm	延伸率 /%	拉伸强度 /kN	拉伸模量 /MPa
黄土	14.34	92.16	13.3	13.3	14.31	0.143
中砂	6.25	90.2	15.2	15.2	23.58	0.236

由表 5.2 可知,土工格室土结构层在拉力为 14.31kN 时,格室开始断开,此时结构层延伸率为 13.3%,拉伸模量为 0.143MPa。土工格室砂结构层在拉力为 23.58kN 时,格室才开始断开,此时结构层延伸率为 15.2%,拉伸模量为 0.236MPa。格室断裂口都从焊点断开,而且是从固定端(或拉伸端)附近的焊点断开,如图 5.8 所示。格室断开的主要原因是在拉力作用下,格室片材挤压格室单元内的土体,土会对格室片材提供一个反力,并且协同作用,共同抵抗荷载。格室片材对里面填土挤压的同时,格室的横截面宽度减小,而长度增加。但作用端和固定端的横截面宽度是固定的,当长度增大时,体积必然增大,导致作用端和固定端的格室单元内的土变虚,土不再参与作用,只有片材抵抗荷载。而焊点是格室强度最薄弱的点,因此靠近固定端的焊点先断。由此可知,焊点强度控制着土工格室结构层强度。

图 5.8　格室断点位置

土工格室砂结构层的延伸率比土工格室土结构层高的主要原因是土具有黏聚力而砂没有,在力作用下,砂更容易发生错动。当土工格室结构层在拉力作用下,格室单元内的填料受到挤压,由于砂的流动性大,格室砂的横断面变形比格室土更明显,故延伸率高。

5.3.2　拉伸作用下不同拉力格室片材的应变

图 5.9 为格室土和格室砂结构层在拉伸作用下,破坏点的格室片材部分应变曲线。图 5.9(a)中测点 G7 在拉力 6kN 以前应变较小,曲线平缓,在拉力 6kN 以后,应变开始大致呈线性增加,当拉力到达 14kN 左右时,应变突然大幅度增加,直至破坏。测点 G6 和 G7 大致相同,在拉力接近 5kN 以前应变较小,5kN 以后应变开始大致呈线性增加,当拉力达到 11kN 时,应变突然剧烈增加,直至破坏。图 5.9(b)中的两个测点 G3、G4 的片材应变曲线形状和图 5.9(a)中的应变曲线大致相同。测点 G3 和 G4 在拉力为 8kN 以前,应变较小,拉力在 8kN 以后,曲线大致呈线性增加,拉力达到 23kN 左右时,应变突然剧烈增加,直至破坏。

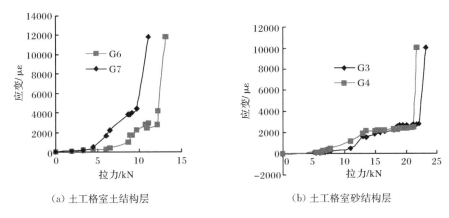

　　　　(a) 土工格室土结构层　　　　　　　　　(b) 土工格室砂结构层

图 5.9　破坏点的格室片材部分应变曲线

从图 5.9 不难看出,在整个拉伸过程中,曲线大致可以分为三个阶段:拉力较小时,应变较小,这个阶段是第 I 阶段,可以认为是受力刚刚开始,格室处于受拉阶段;第 I 阶段以后,随着拉力增加,应变大致呈线性增加,这个阶段是第 II 阶段,可以认为是格室压缩其单元内填料,两者相互作用的阶段;第 II 阶段以后应变突然剧烈增加,直至破坏,这个阶段是第 III 阶段,又称为破坏阶段。

通过上述的描述,可以认为在拉伸过程中,格室应变分为三个阶段:

第 I 阶段:格室受拉阶段。

第 II 阶段:格室与填料相互作用阶段。

第 III 阶段:破坏阶段。

图 5.10 所示分别为土工格室土结构层和土工格室砂结构层在拉伸作用下未破坏点的格室片材部分应变曲线。图 5.10(a)中,所有测点在拉力大约为 7kN 之

前,格室片材应变较小,曲线较平缓,拉力大于 7kN 以后,所有测点应变大致呈线性增加;图 5.10(b)中,所有测点在拉力大约为 11kN 以前,应变较小,曲线较平缓,拉力大于 11kN 以后,应变呈线性增加。从以上可以看出,该拉伸过程也符合上述破坏三个阶段理论。应变较小时是格室受拉阶段,即第Ⅰ阶段;应变呈线性增长时是格室压缩室内填料,两者相互作用阶段,即第Ⅱ阶段。因为上述测点的格室并未破坏,也并未出现破坏阶段,即第Ⅲ阶段。

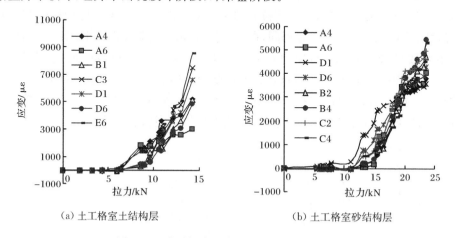

(a) 土工格室土结构层　　　　　　(b) 土工格室砂结构层

图 5.10　未破坏点的格室片材部分应变曲线

5.3.3　拉伸作用下不同断面格室片材的应变

图 5.11~图 5.15 为土工格室土结构层和土工格室砂结构层在拉力作用下不同横断面片材的荷载-应变曲线。图 5.11 断面 A 中应变最小的是 A1,其次是 A8;断面 C 中应变最小的是 C1,其次是 C8。图 5.12 断面 D 中应变最小的是 D6,其次是 D1;断面 E 中应变最小的是 E8,其次是 E1。图 5.13 断面 A 中 A8 应变最小,断面 B 中 B6 应变最小。图 5.14 断面 C 中 C8 应变最小,C1 次之;E 断面中 E8 应变最小。图 5.15 断面 F 中 F6 应变最小,F1 次之;断面 G 中 G1 应变最小,G8 次之。从测点布置图 5.4 可以得知,A1、A8、B1、B6、C1、C8、D1、D6、E1、E8、F1、F6、G1、G8 都是格室结构层的边缘点。由图 5.11~图 5.15 可知,格室边缘点的应变比其他测点的应变要小。这主要是因为中间的格室单元四周都有格室单元相连,一旦受力变形,格室单元协调变形,相互作用。而格室边缘点由于格室单元外并无格室相连,比较自由,当结构层受力时,边缘的格室单元相对来说可以自由变形,因此片材受力较小,应变较小,而中间的格室单元片材受力大,应变较大。从理论上来说,在结构层受拉力拉伸时,测点受力是对称的。由于在试验时,并不能保证受力点绝对在格室结构层的中间,同时还有试验其他因素的影响,所以边

缘格室单元的两个测点应变有大有小,但总的来说,边缘测点的应变和其他格室单元相比是最小的。

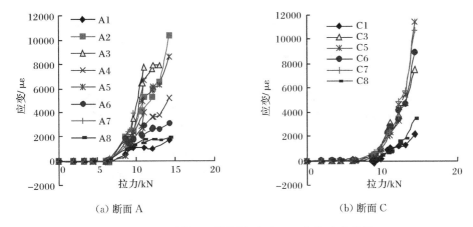

(a) 断面 A　　　　　　　　　　(b) 断面 C

图 5.11　土工格室土结构层断面 A、C 荷载-应变曲线

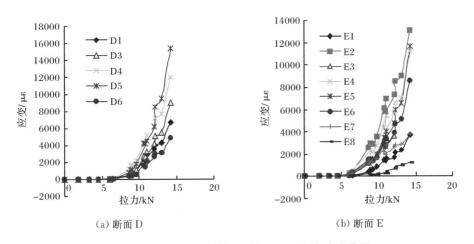

(a) 断面 D　　　　　　　　　　(b) 断面 E

图 5.12　土工格室土结构层断面 D、E 荷载-应变曲线

　　除了边缘格室单元应变较小外,其他格室单元并无明显特征。图 5.11 断面 A 中 A3 的应变最大,然后依次为 A2、A5、A4、A7、A6,再是两个边缘格室单元;而断面 C 中除了两个边缘格室测点较小外,其他格室单元荷载-应变曲线基本重合,并无很大区别。图 5.12 中也同样,除了边缘格室单元应变小外,其他格室单元应变大小并无规律。图 5.13～图 5.15 中土工格室砂结构层应变也和土工格室土结构层一样,有的是中间格室单元应变最大,有的却不是,比较复杂,并无规律可循。

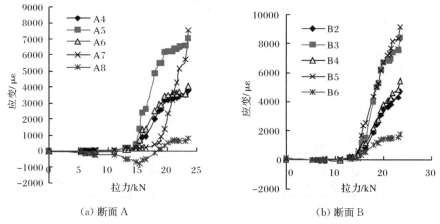

（a）断面 A   （b）断面 B

图 5.13 土工格室砂结构层断面 A、B 荷载-应变曲线

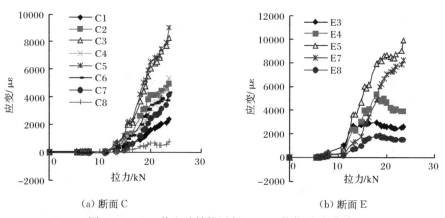

（a）断面 C   （b）断面 E

图 5.14 土工格室砂结构层断面 C、E 荷载-应变曲线

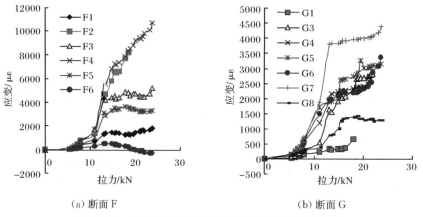

（a）断面 F   （b）断面 G

图 5.15 土工格室砂结构层断面 F、G 荷载-应变曲线

　　图 5.16～图 5.18 是土工格室土结构层在拉力作用下纵断面(沿力的作用方向)格室片材荷载-应变曲线。图 5.16 纵断面 1 中 E1 应变较大,而 A1、C1 应变较小,但两者交错,无法区分其大小;纵断面 4 中 G4 应变较大,而 A4、E4 应变较小,且两者比较接近。图 5.17 纵断面 7 中 G7 应变最大,A7、C7、E7 应变较小,且三者比较接近;纵断面 8 中 G8、C8 应变较大,A8、E8 应变最小。图 5.18 纵断面 1 中 F1 应变最大,D1 应变次之,B1 应变最小;纵断面 3 中 F3 应变最大,B3 和 D3 应变较小且比较接近。

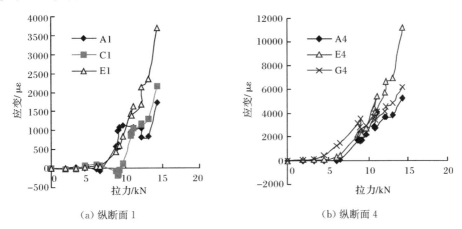

(a) 纵断面 1　　　　　　　　　　(b) 纵断面 4

图 5.16　土工格室土结构层(A～G)纵断面 1、4 荷载-应变曲线

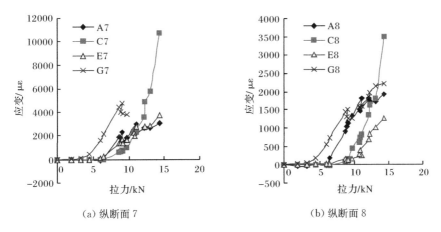

(a) 纵断面 7　　　　　　　　　　(b) 纵断面 8

图 5.17　土工格室土结构层(A～G)纵断面 7、8 荷载-应变曲线

　　图 5.19～图 5.22 为土工格室砂结构层在水平拉力作用下纵断面(沿力的作用方向)格室片材的荷载-应变曲线。图 5.19 纵断面 4 中 E4 应变最大,C4 次之,A4 最小,但 A4 和 C4 比较接近;纵断面 5 中 E5 应变最大,C5 次之,A5 最小,但

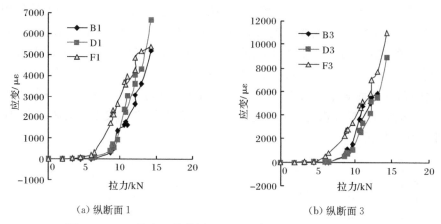

(a) 纵断面 1 (b) 纵断面 3

图 5.18 土工格室土结构层(B~D)纵断面 1、3 荷载-应变曲线

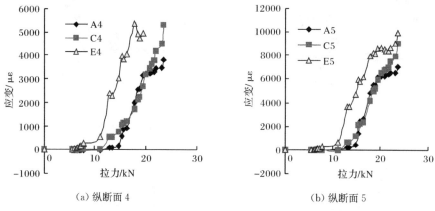

(a) 纵断面 4 (b) 纵断面 5

图 5.19 土工格室砂结构层(A~G)纵断面 4、5 荷载-应变曲线

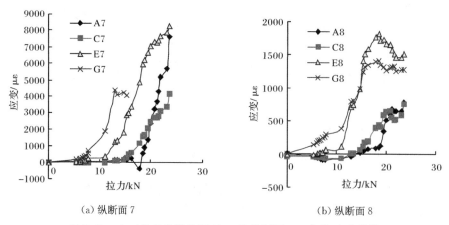

(a) 纵断面 7 (b) 纵断面 8

图 5.20 土工格室砂结构层(A~G)纵断面 7、8 荷载-应变曲线

A5 和 C5 比较接近。图 5.20 纵断面 7 中 G7 应变最大,E7 次之,再是 C7,A7 应变最小;纵断面 8 中 G8 和 E8 的应变较大,C8 次之,A8 最小。图 5.21 纵断面 2 中 F2 应变最大,D2 次之,B2 最小;纵断面 3 中 F3 应变较大,D3 和 B3 应变较小。图 5.22 纵断面 4 中 F4 应变最大,D4 次之,B4 最小;纵断面 5 中 F5 应变最大,B5 次之,D5 最小。

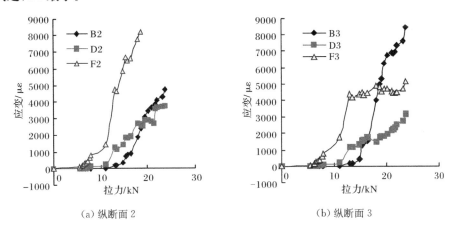

（a）纵断面 2　　　　　　　　　　（b）纵断面 3

图 5.21　土工格室砂结构层(B～F)纵断面 2、3 荷载-应变曲线

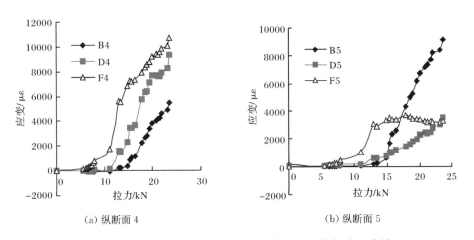

（a）纵断面 4　　　　　　　　　　（b）纵断面 5

图 5.22　土工格室砂结构层(B～F)纵断面 4、5 荷载-应变曲线

由格室测点布置图 5.4 可知,A、B、C、D、E、F、G 依次接近受力端。由图 5.16～图 5.22 可知,离受力端越近,格室片材的应变就越大,即片材所受的力就越大。因为在拉力作用下,土工格室结构层必然发生变形,沿着力的方向移动,格室结构层与底层或上面堆载层之间发生摩擦,产生与拉伸方向相反的摩擦力,一部分摩擦力必然与拉力相抵消。因此,离拉力的作用端越远,摩擦力越大,所抵消的拉力

也就越大,格室结构层受力也越小,片材应变也越小。

　　从上述论述中不难看出,土工格室砂结构层这一规律比土工格室土结构层明显。虽然受格室内受力的复杂性和各种试验条件的影响,少数测点出现异常,但大部分测点都显示出这一规律。

第6章 土工格室在软弱地基加固中的应用

6.1 概　述

在公路建设中常常遇到软弱地基,给工程建设和维护带来一系列问题[99,100]:①加大施工难度,延误工期;②进行超常规处理,增加建设费用;③如果处理不好会增加养护、维修工作量及费用。以往对软弱地基常采用换填、排水固结、挤密桩及挤淤等方法进行处理,这些方法不但劳动强度大、施工期较长,而且费用较高,难度较大。近年来,采用土工合成材料处理软弱地基已取得了较好的效果。用土工格室对软弱地基进行局部换填加固,形成柔性筏基加固体,可以提高地基承载力,达到加固软弱地基的目的[101]。

6.2 土工格室加固机理探讨

一般地基土在荷载作用下的作用机理如图 6.1 所示。图 6.1(a)为没有土工格室加固的单纯土体在上部荷载的作用下,当荷载达到临塑荷载时,将在土体内部出现三个区,即主动区、过渡区和被动区,从而使土体发生剪切破坏。土体的承载力取决于活动面的剪切强度。图 6.1(b)为土工格室加固的情况,土工格室阻止了塑性区向外侧移,土体活动面将不能向外扩展,因此阻止了剪切面的产生,使地基破坏向深层发展,从而提高土体的承载力。同时在实际工程中土工格室结构层可视为一个具有一定抗弯刚度的柔性筏基,这将使上部结构的荷载进一步扩散,使传递到地基中软弱下卧层顶面处的附加应力显著减小,以达到增强地基稳定性、提高地基承载力的目的。

毫无疑问,土工格室能够提高填料的承载力,但是与其他加筋材料相比,土工格室有其独特之处[102,103]。传统的加筋土是将具有较大变形模量、足够大抗拉强度与黏着强度的加筋材料成层平铺地埋置在填土结构物中,构成一个土筋复合体。该复合体在受力变形过程中,平铺的筋材与土体共同受力,相互作用,协调变形,依靠筋材的强度和筋材与土体接触面上的摩阻力,限制土体的侧向变形,其作用相当于筋材给土体提供了一个附加的侧向约束力,使土体的强度得到提高,达到了加固的目的[104]。土工格室不仅具有传统加筋材料的共性,并且由于它独特的立体结构,还具有传统加筋材料所没有的对土体强大的侧限力,使承载力得到

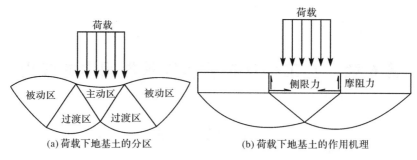

图 6.1　一般地基土在荷载作用下的作用机理示意图

提高。本节主要从以下几个方面探讨土工格室加筋机理。

6.2.1　土工格室的侧向约束作用和摩擦作用

在土体中铺设的土工格室,其约束作用主要表现在两个方面[105]。

(1) 土工格室侧壁对填料的摩阻效应。由于土工格室和土体模量的差异,当两者共同受力时,变形不一致,正是这种不一致会使在格室与土的界面上产生摩阻力。这种摩阻力只有在格室与土组成的整体受到外力时才能表现出来,在未达到最大值之前受力越大,摩阻力越大。摩阻力 f 可以表示为

$$f = \mu_s \sigma_3 S_a \tag{6.1}$$

式中:μ_s 为格室壁与土体的摩擦系数;σ_3 为格室壁与土的水平环向应力;S_a 为填料与格室壁的接触面积。

(2) 土工格室对格室单元内土体的紧箍作用。在土体受到上部荷载的作用时,格室单元内的土体有侧向位移的趋势,使格室单元受到张拉从而对土体产生紧箍作用,约束土体的侧向位移。根据 Henkl 和 Gibert 的橡皮膜理论(the rubber membrane theory),假定格室单元在受力过程中体积不变,推导出由于土工格室墙膜应力而直接增加的侧向应力 $\Delta\sigma_3$,可以表示为

$$\Delta\sigma_3 = \frac{2M\varepsilon_c}{d} \frac{1}{1-\varepsilon_a} \tag{6.2}$$

$$\varepsilon_c = \frac{1-\sqrt{1-\varepsilon_a}}{\varepsilon_a} \tag{6.3}$$

式中:M 为土工格室材料的薄膜系数,kPa;ε_c 为格室允许的环向应变;ε_a 为格室允许的轴向应变;d 为格室初始直径,m。

侧向应力 $\Delta\sigma_3$ 的增加意味着竖向应力 $\Delta\sigma_1$ 的增加,根据莫尔-库仑定律,有

$$\Delta\sigma_1 = \Delta\sigma_3 \tan^2\left(45° + \frac{\varphi}{2}\right) + 2c\tan\left(45° + \frac{\varphi}{2}\right) \tag{6.4}$$

式中:$\Delta\sigma_1$ 为侧向约束引起的竖向应力的提高,相当于承载力的提高。

6.2.2　土工格室结构层作为加筋体约束地基位移的作用

土工格室加筋体复合地基在荷载作用下,荷载作用面的正下方产生位移,其周边地区产生侧向位移和部分隆起。土工格室结构层约束了地基的位移,加筋土复合土层计算简图如图 6.2 所示。

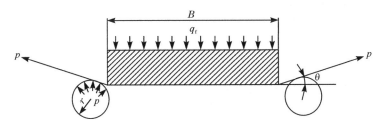

图 6.2　加筋土复合土层计算简图

由于荷载的作用,土工格室结构层产生一个凹曲面,使结构层处于受拉状态。由于结构层是凹面,结构层拉力有向上的分量,使格室结构层下面土体所受的力比结构层上土体所受的力小,把结构层上下的土体隔离开来,起到扩散应力、均化应力、改变地基应力场和应变场的作用,达到加固的目的。

1979 年,Yamanouchi 提出采用太沙基承载力公式考虑土工织物加筋中拉力的影响,可以用式(6.5)来计算承载力:

$$q_f = cN_c + 2p_r \frac{\sin\theta}{B} + \beta \frac{p_r}{r} N_q \tag{6.5}$$

式中:p_r 为土工格室结构层抗拉强度(可用土工格室焊点强度代替),kPa;θ 为基础边缘加筋体倾斜角,考虑土工格室与平面筋材的差异,按 5% 的延伸率,可推出 $\theta = 14.3° \sim 18.7°$,一般取 $\theta = 15°$;r 为假想圆的半径,m;β 为系数,一般取 0.5;N_c、N_q 为与内摩擦角有关的承载力系数,一般取 $N_c = 0.53$,$N_q = 1.4$。

式(6.5)中第一项为原天然地基承载力,第二项和第三项为铺设土工格室结构(作为传统加筋)所引起的承载力的提高。

除了以上两点外,土工格室结构层与传统的加筋材料还有很多不同之处,以往加筋材料层和土体间的摩擦是土体与筋材之间的摩擦,而土工格室结构层与土体之间的摩擦是土与土之间的摩擦。和传统筋材相比,土工格室结构层提供了较大的摩擦系数与黏着力,产生了较大的摩阻力和抗拔力,能够防止发生黏着破坏。而且在相同加筋材料用量的情况下,土工格室加筋土与筋材平铺加筋土相比,相邻加筋层之间的土体厚度变薄,即加筋竖向间距变小,因而会使土工格室加筋土强度高于筋材平铺加筋土强度。

6.3　弹性地基梁理论

6.3.1　弹性地基梁的基本理论

在工程实际中,通常在结构底部设置基础梁[106~109]。这是由于基础梁与地基接触面积比较大,上部结构的荷载经过基础梁分散地传给地基,可以减少地基所受的压应力。如果假设地基是弹性的,这类基础梁就称为弹性地基梁。土工格室结构层经压实后铺设在地基上,由于结构层的刚度比地基大,在外部荷载的作用下,荷载经过格室结构层同样可以分散地传给地基,减小地基所受的压应力,同时土工格室结构层与地基一起协调变形。这时可以假定土工格室结构层是一种铺设在弹性地基上的柔性梁,因此可以用弹性地基梁的计算方法来反算土工格室结构层的承载力[110,111]。

地基上梁的分析是在考虑梁和地基共同作用的条件下来确定梁和地基之间的接触压力(基底反力)的分布,从而较精确地求得梁的内力。在弹性地基梁的计算原理中,重要的问题是如何确定地基反力与地基沉降之间的关系,或者说,如何选取地基模型。1867 年前后,Winkler 对地基提出了如下假设:地基每单位面积上所受的压力 p 与地基的变形 y 成正比,即 $p=ky$,其中 k 为基床系数(或地基系数),即土体发生单位沉降时地基单位面积上所施加的压力。这个假定通常称为Winkler 假定或基床系数假定。

图 6.3 为弹性地基梁的受荷变形,在荷载 $q(x)$ 作用下,梁和地基的位移为 $y(x)$,梁与地基之间的压力为 $p(x)$。在局部弹性地基梁的计算中,通常以位移函数作为基本未知量,推导 $y(x)$ 应满足的基本微分方程。在梁中取无穷小的长度为 $\mathrm{d}x$ 的梁单元,对其进行受力分析,如图 6.4 所示,由单元的竖向力平衡可得到如下平衡方程:

$$\frac{\mathrm{d}Q}{\mathrm{d}x}=ky(x)-q(x) \tag{6.6}$$

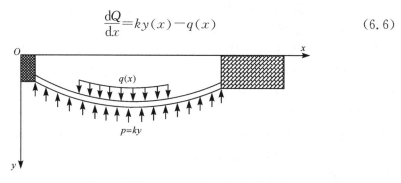

图 6.3　弹性地基梁的受荷变形

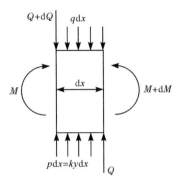

图 6.4　梁单元的受力情况

将 $Q=\dfrac{\mathrm{d}M}{\mathrm{d}x}$ 代入式(6.6)得

$$\frac{\mathrm{d}Q}{\mathrm{d}x}=\frac{\mathrm{d}^2 M}{\mathrm{d}x^2}=ky(x)-q(x) \tag{6.7}$$

由材料力学梁的挠曲方程

$$\frac{\mathrm{d}^2 y}{\mathrm{d}x^2}=-\frac{M}{EI} \tag{6.8}$$

将式(6.8)代入式(6.7)，整理可得

$$EI\frac{\mathrm{d}^4 y}{\mathrm{d}x^4}=q(x)-ky(x) \tag{6.9}$$

用 y 代替 $y(x)$ 可得到局部弹性地基梁的基本微分方程为

$$\frac{\mathrm{d}^4 y}{\mathrm{d}x^4}+\frac{k}{EI}y=\frac{q(x)}{EI} \tag{6.10}$$

可以将式(6.10)改写成如下形式：

$$\frac{\mathrm{d}^4 y}{\mathrm{d}x^4}+\frac{k}{4EI}4y=\frac{q(x)}{EI} \tag{6.11}$$

式(6.11)中包含着一个常数 $\dfrac{k}{4EI}$，令常数 β 为

$$\beta=\sqrt[4]{\frac{k}{4EI}} \tag{6.12}$$

于是有局部弹性地基梁的基本微分方程：

$$\frac{\mathrm{d}^4 y}{\mathrm{d}x^4}+4\beta^4 y=\frac{q(x)}{EI} \tag{6.13}$$

式中：$q(x)$ 为作用在梁上的外力，$\mathrm{N/m^2}$；EI 为弹性地基梁截面的抗弯刚度，$\mathrm{N\cdot m^2}$；β 为梁的柔度特征值，与基础宽度和刚度有关，$\beta=\sqrt[4]{\dfrac{k}{4EI}}$，$\mathrm{m^{-1}}$；$y$ 为弹性地基梁的

挠度,m。

6.3.2　弹性地基梁基本方程的求解

基本微分方程(6.13)是一个四阶常系数线性非齐次微分方程。如果令 $q(x)=0$,则得出相应的齐次方程为

$$\frac{\mathrm{d}^4 y}{\mathrm{d}x^4}+4\beta^4 y=0 \tag{6.14}$$

式(6.14)的特征方程为

$$r^4+4\beta^4=0$$

即

$$r^4+4\beta^4=(r^2+2\beta^2)^2-4r^2\beta^2=(r^2+2\beta^2+2r\beta)(r^2+2\beta^2-2r\beta)=0$$

有

$$r^2+2\beta^2+2r\beta=0 \quad \text{或} \quad r^2+2\beta^2-2r\beta=0$$

所以它的根为 $r_{1,2}=\beta(1\pm\mathrm{i})$,$r_{3,4}=-\beta(1\pm\mathrm{i})$,因此方程(6.14)的通解为

$$y=\mathrm{e}^{\beta x}[A\cos(\beta x)+B\sin(\beta x)]+\mathrm{e}^{-\beta x}[C\cos(\beta x)+D\sin(\beta x)] \tag{6.15}$$

令 $y=y^*(x)$ 为方程(6.13)的一个特解,则微分方程(6.13)的通解为

$$y=\mathrm{e}^{\beta x}[A\cos(\beta x)+B\sin(\beta x)]+\mathrm{e}^{-\beta x}[C\cos(\beta x)+D\sin(\beta x)]+y^*(x) \tag{6.16}$$

如果外荷载 $q(x)$ 是三次以下的多项式,很显然方程(6.13)的一个特解是

$$y^*(x)=\frac{q(x)}{k} \tag{6.17}$$

微分方程(6.13)的通解为

$$y=\mathrm{e}^{\beta x}[A\cos(\beta x)+B\sin(\beta x)]+\mathrm{e}^{-\beta x}[C\cos(\beta x)+D\sin(\beta x)]+\frac{q(x)}{k} \tag{6.18}$$

式中:$q(x)$ 为作用在梁上的外力,N/m²;β 为梁的柔度特征值,$\beta=\sqrt[4]{\frac{k}{4EI}}$,m⁻¹;$EI$ 为弹性地基梁截面的抗弯刚度,N·m²;y 为弹性地基梁的挠度,m;k 为地基系数,N/m³。

6.3.3　内力公式

位移 y 求得后,梁任意截面的转角 θ、弯矩 M、剪力 Q 可由下列微分方程求得

$$\begin{cases} \theta=\dfrac{\mathrm{d}y}{\mathrm{d}x} \\[2mm] M=-EI\dfrac{\mathrm{d}\theta}{\mathrm{d}x}=-EI\dfrac{\mathrm{d}^2 y}{\mathrm{d}x^2} \\[2mm] Q=\dfrac{\mathrm{d}M}{\mathrm{d}x}=-EI\dfrac{\mathrm{d}^3 y}{\mathrm{d}x^3} \end{cases} \tag{6.19}$$

6.3.4　土工格室结构层计算

土工格室作为承重结构铺设在地基上,可近似认为是在均布荷载的作用下铺设在地基上的弹性地基梁[112~114]。由于地基纵断面方向荷载为路基填土,荷载作用无穷无尽,而且位移和内力不可能衰减为 0,取路基横断面方向作为梁的铺设方向进行计算。假设路基填土荷载和作用在路基上传递到地基上土工格室结构层的荷载是均布荷载,而且对称的作用在中间,土工格室结构层计算示意图如图 6.5所示,土工格室结构层梁长为 $2L$,均布荷载宽度为 $2B$,均布荷载大小为 q,取荷载作用中心,即梁的中心为原点 O。由于荷载的对称性,计算时取 O 点截面的一边进行计算即可。

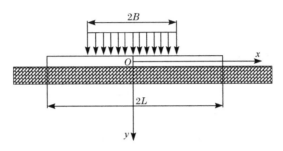

图 6.5　土工格室结构层计算示意图

由于在均布荷载的作用下,荷载作用中心的沉降量最大,以荷载作用中心的沉降量作为控制点,整理得均布荷载与荷载中心的沉降关系为

$$q = \frac{ky}{1 - \frac{\phi_1(\beta L)\phi_2[\beta(L-B)] + 4\phi_3[\beta(L-B)]\phi_4(\beta L)}{\phi_1(\beta L)\phi_2(\beta L) + 4\phi_3(\beta L)\phi_4(\beta L)}}$$

$$= \frac{k[\phi_1(\beta L)\phi_2(\beta L) + 4\phi_3(\beta L)\phi_4(\beta L)]}{\phi_1(\beta L)\phi_2(\beta L) + 4\phi_3(\beta L)\phi_4(\beta L) - \phi_1(\beta L)\phi_2[\beta(L-B)] + 4\phi_3[\beta(L-B)]\phi_4(\beta L)} y$$

$$= \frac{ky}{C} \tag{6.20}$$

式中:q 为均布荷载的大小,$\mathrm{N/m^2}$;y 为荷载作用中心的沉降量,m;B 为均布荷载宽度的 $1/2$,m;k 为地基系数,$\mathrm{N/m^3}$;L 为土工格室结构层宽度的 $1/2$,m;$\beta = \sqrt[4]{\dfrac{k}{4EI}}$,$\mathrm{m^{-1}}$;$C = 1 - \dfrac{\phi_1(\beta L)\phi_2[\beta(L-B)] + 4\phi_3[\beta(L-B)]\phi_4(\beta L)}{\phi_1(\beta L)\phi_2(\beta L) + 4\phi_3(\beta L)\phi_4(\beta L)}$;$EI$ 为土工格室结构层(弹性地基梁)截面的抗弯刚度,$\mathrm{N \cdot m^2}$;ϕ_1、ϕ_2、ϕ_3、ϕ_4 为克雷洛夫函数。

$$
\begin{cases}
\phi_1(\beta x) = \cosh(\beta x)\cos(\beta x) \\[2mm]
\phi_2(\beta x) = \dfrac{1}{2}\left[\cosh(\beta x)\sin(\beta x) + \sinh(\beta x)\cos(\beta x)\right] \\[2mm]
\phi_3(\beta x) = \dfrac{1}{2}\sinh(\beta x)\sin(\beta x) \\[2mm]
\phi_4(\beta x) = \dfrac{1}{4}\left[\cosh(\beta x)\sin(\beta x) - \sinh(\beta x)\cos(\beta x)\right]
\end{cases}
\tag{6.21}
$$

当以荷载作用边缘点为计算沉降点来计算均布荷载,即当 $x = B$ 时,均布荷载 q 与 B 点的沉降量 y 的关系为

$$
q = \frac{ky}{1 + C\phi_1(\beta B) - D\phi_3(\beta B) - \phi_1(\beta B)}
\tag{6.22}
$$

式中:D 为等效代换,$D = \dfrac{4\{\phi_3(\beta L)\phi_2[\beta(L-B)] - \phi_2(\beta L)\phi_3[\beta(L-B)]\}}{4\phi_3(\beta L)\phi_4(\beta L) + \phi_1(\beta L)\phi_2(\beta L)}$。

6.3.5　相关参数的确定

在式(6.20)和式(6.22)中,除了 q 以外,尚有 y、B、k、L、EI 这些参数。这些参数确定了,其他的参数就相应地确定了。克雷洛夫函数 ϕ_1、ϕ_2、ϕ_3、ϕ_4 可以按照函数的定义计算,也可以查克雷洛夫函数表;y 表示所给点的沉降量(荷载中心或者荷载边缘),B 为均布荷载宽度的 $1/2$,一般由路基填土宽度和作用的荷载来确定;L 为土工格室结构层宽度的 $1/2$;k 为地基系数,需要试验测得;EI 为抗弯刚度,由土工格室结构层本身的性质和截面大小确定。下面讨论 k 和 EI 的取值。

1. 地基系数 k 的确定

地基系数是在 Winker 假定的弹性地基上,引起单位沉降量所需作用于基底单位面积上的力。地基系数不仅与土的性质有关,而且与荷载面积的大小和形状有关。此外,在这些条件相同的情况下,它随着单位荷载的增加而减小。因此,地基系数对于某一种地基土,并非一个不变的常数。在通常情况下,取与地基受力条件相近情况下的地基系数来计算。地基系数的确定有公式法、试验法和经验法。下面介绍公式法和试验法确定地基系数。

1) 按公式计算地基系数

(1) 当下卧硬层顶面距离基底的深度在 $1/4 \sim 1/2$ 底宽时,Gorbunov-Posadov 建议用胡克定律推算 k 值,即

$$
k = \frac{p}{s} = \frac{p}{\varepsilon H}
\tag{6.23}
$$

式中:ε 为薄压缩层沿深度方向的应变;H 为压缩层的厚度。

假定压缩层两个侧向均可自由变形,则

$$k = \frac{E_0}{H} \tag{6.24}$$

假定压缩层只有一个侧向可自由变形,则

$$k = \frac{E_0}{(1-\mu_0^2)H} \tag{6.25}$$

假定压缩层两个侧向都不允许自由变形,则

$$k = \frac{(1-\mu_0)E_0}{(1+\mu_0)(1-2\mu_0)H} \tag{6.26}$$

式中:E_0 为变形模量;μ_0 为土的泊松比;H 为压缩层的厚度。

(2)在半无限弹性地基上,按照弹性理论,在刚性承压板下受压时,地基的变形模量和地基系数的计算公式为

$$E_0 = \omega(1-\mu_0^2)\sqrt{F}\frac{p}{s} \tag{6.27}$$

$$k = \frac{p}{s} = \frac{E_0}{\omega(1-\mu_0^2)\sqrt{F}} \tag{6.28}$$

式中:ω 为与基础尺寸、形状、刚度有关的系数(表6.1);F 为承压板(基础)面积。

表6.1 ω 取值表

$a:b$	1	1.5	2	3	4	5	10	圆形
ω	0.88	1.08	1.22	1.44	1.61	1.72	2.10	0.79

注:$a:b$ 为承压板(基础)长和宽的比值。

2)由试验测定地基系数

地基系数 k 值用承载板试验确定。承载板直径规定为76cm,测试方法与回弹模量的测试方法类似,但是采用一次加载到位的方法,施加荷载的量值根据不同的工程对象,由两种方法提供。当地基较为软弱时,用0.127cm的弯沉值控制承载板的荷载。假如地基较为坚实,弯沉值难以达到0.127cm时,采用另一种控制方法,以单位压力 $p=70$kPa 控制承载板的荷载。

承载板直径的大小对 k 值有一定的影响,直径越小,k 值越大。承载板下的地基系数与其面积的平方根成反比。但是由试验得知,当承载板直径大于76cm时,k 值的变化很小。因此,规定以直径为76cm的承载板为标准。地基系数按式(6.29)进行修正:

$$k_{76} = \frac{50}{76}k_{50} \tag{6.29}$$

按上述方法确定的 k 值是一定荷载或沉降条件下的荷载应力与总弯沉值之比,其中包含回弹弯沉值与残余弯沉值。如果只考虑回弹弯沉值,则可以得到地基系数 k_R。

通常 k_R 与总弯沉值对应的地基系数 k 有如下关系：

$$k_R = 1.77k \tag{6.30}$$

2. 抗弯刚度 EI 的确定

对于弹性材料，抗弯刚度 EI 由弹性模量 E 和惯性矩 I 组成。抗弯刚度越大，在相同弯矩作用下曲率就越小，梁就越不容易弯曲。土是由固相、液相、气相组成的三相分散系，受力后颗粒之间的位置调整在荷载卸载后不能恢复。因此，土在受力时除了有弹性变形外，还有不可恢复的塑性变形，它和弹性材料有很大的区别。因此，土工格室结构层的抗弯刚度 EI 中的 E 不能用结构层的弹性模量，应该用把结构层弹性变形和塑性变形都考虑进去的变形模量来代替。土工格室结构层的变形模量可以用静力荷载试验测得，土工格室结构层的厚度必须大于承载板的影响深度（对于圆形承载板，一般认为承载板的影响深度为 2 倍的直径），这样测得的才是土工格室结构层的变形模量[115]。也可以根据经验，结构层的模量是单层结构层与地基组成的复合模量的 2～3 倍来确定。

对于不规则形状的材料，惯性矩 I 的计算公式为

$$I = \int_A y^2 \, \mathrm{d}A \tag{6.31}$$

对于矩形截面[图 6.6(a)]，惯性矩 I 的计算公式为

$$I = \frac{bh^3}{12} \tag{6.32}$$

对于圆形截面[图 6.6(b)]，惯性矩 I 的计算公式为

$$I = \frac{\pi R^4}{4} \tag{6.33}$$

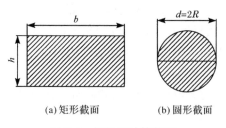

(a) 矩形截面　　　　(b) 圆形截面

图 6.6　惯性矩计算截面

1）现场铺设土工格室结构层的计算

土工格室结构层铺设于路基，其长度等于铺设的路基的长度，因此格室结构层计算梁的宽度不能取格室铺设的长度，而且对结构层而言，填土荷载比较均匀，不妨取单位长度作为计算梁宽。因此，在外部荷载作用下，荷载换算应该以 1m 的宽度为标准，如果作用的荷载宽度大于 1m，则应舍弃超出 1m 的部分。计算梁高

为格室结构层的高度。惯性矩计算如下。

高度为 100mm 的土工格室结构层：

$$I = \frac{1 \times 0.1^3}{12} = \frac{1}{12000} = 8.33 \times 10^{-5} (\text{m}^4)$$

高度为 150mm 的土工格室结构层：

$$I = \frac{1 \times 0.15^3}{12} = 2.8125 \times 10^{-4} (\text{m}^4)$$

高度为 200mm 的土工格室结构层：

$$I = \frac{1 \times 0.2^3}{12} = 6.6667 \times 10^{-4} (\text{m}^4)$$

高度为 300mm 的土工格室结构层：

$$I = \frac{1 \times 0.3^3}{12} = 2.25 \times 10^{-3} (\text{m}^4)$$

2）室内模型试验土工格室结构层的计算

由于模型试验是用 500mm 的承载板来进行的静力荷载试验，应采用荷载的影响范围作为横截面，如图 6.7 和图 6.8 所示。

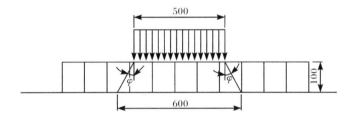

图 6.7　高度为 100mm 的土工格室结构层荷载影响范围示意图（单位：mm）

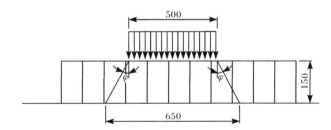

图 6.8　高度为 150mm 的土工格室结构层荷载影响范围示意图（单位：mm）

高度为 100mm 的土工格室结构层：

$$I = \frac{0.6 \times 0.1^3}{12} = 5 \times 10^{-5} (\text{m}^4)$$

高度为 150mm 的土工格室结构层：

$$I = \frac{0.65 \times 0.15^3}{12} = 1.828 \times 10^{-4}(\text{m}^4)$$

6.3.6 公式的验证

式(6.20)中 q 为均布荷载,它的分布范围是整个横截面宽度,因此要求出作用在上部的外荷载 p,就需对分布荷载进行修正。外荷载是作用在500mm的承载板上,而分布荷载是作用在地基梁上,故可按式(6.34)和式(6.35)进行修正。

高度为100mm的土工格室结构层:

$$p = \frac{b \times 2B}{\pi R^2} q = \frac{0.6 \times 0.5}{3.14 \times 0.25^2} q = 1.52788 \frac{ky}{C} \tag{6.34}$$

高度为150mm的土工格室结构层:

$$p = \frac{b \times 2B}{\pi R^2} q = \frac{0.65 \times 0.5}{3.14 \times 0.25^2} q = 1.6552 \frac{ky}{C} \tag{6.35}$$

地基系数 k 可由试验测得,图6.9是500mm承载板试验曲线,根据曲线方程可得

$$k_{50} = 1/0.0088 = 113.636(\text{kPa/mm}) = 113636363.6(\text{N/m}^3)$$

由式(6.29)可得

$$k = k_{76} = \frac{50}{76} k_{50} = 74.76\text{kPa/mm} = 74760760\text{N/m}^3$$

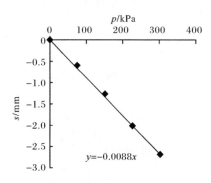

图6.9　素土地基试验曲线

1. 100mm×400mm 土工格室结构层计算验证

式(6.20)中部分参数的计算见表6.2。

表 6.2　100mm×400mm 土工格室结构层部分参数的计算

参数	$E/(10^7\text{N/m}^2)$	$EI/(\text{N} \cdot \text{m}^2)$	β/m^{-1}	βL	$\beta(L-B)$
数值	8.1	4050	8.242	4.945	2.885

查表得

$$\phi_1(4.945)=16.193, \quad \phi_2(4.945)=-26.0777, \quad \phi_3(4.945)=-34.17$$
$$\phi_4(4.945)=-21.1346, \quad \phi_2(2.885)=-3.1765, \quad \phi_3(2.885)=1.1323$$

所以有

$$C=1-\frac{\phi_1(\beta L)\phi_2[\beta(L-B)]+4\phi_3[\beta(L-B)]\phi_4(\beta L)}{\phi_1(\beta L)\phi_2(\beta L)+4\phi_3(\beta L)\phi_4(\beta L)}=1-\frac{-147.16}{2466.4}=1.06$$

根据式(6.34)得

$$p=1.52788\frac{ky}{C}=107.759y \tag{6.36}$$

将计算值和实测值进行比较,见表 6.3 和图 6.10。

表 6.3　100mm×400mm 土工格室结构层计算值与实测值对比

荷载	位移/mm							
	0.545	1.265	1.982	2.69	3.397	4.255	5.251	6.265
实测值/kPa	75	150	225	300	375	450	525	600
计算值/kPa	58.73	136.31	213.57	289.86	366.05	458.5	565.83	675.09
相差百分比/%	21.69	9.13	5.08	3.38	2.39	1.89	7.78	12.52

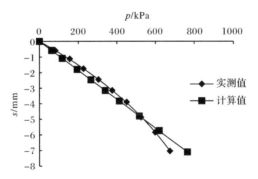

图 6.10　100mm×400mm 土工格室结构层计算值与实测值对比曲线

2. 100mm×680mm 土工格室结构层计算验证

式(6.20)中部分参数的计算见表 6.4。

表 6.4　100mm×680mm 土工格室结构层部分参数计算

参数	$E/(10^7\mathrm{N/m^2})$	$EI/(\mathrm{N\cdot m^2})$	$\beta/\mathrm{m^{-1}}$	βL	$\beta(L-B)$
数值	8.5	4250	8.1434	4.886	2.85

查表得

$$\phi_1(4.886)=11.3632, \quad \phi_2(4.886)=-26.902, \quad \phi_3(4.886)=-32.5792$$
$$\phi_4(4.886)=-19.132, \quad \phi_2(2.85)=-2.879, \quad \phi_3(2.85)=1.2383$$

所以有

$$C=1-\frac{\phi_1(\beta L)\phi_2[\beta(L-B)]+4\phi_3[\beta(L-B)]\phi_4(\beta L)}{\phi_1(\beta L)\phi_2(\beta L)+4\phi_3(\beta L)\phi_4(\beta L)}=1-\frac{-127.48}{2187.53}=1.0583$$

根据式(6.34)得

$$p=1.52788\frac{ky}{C}=107.933y$$

将计算值和实测值进行比较,见表6.5和图6.11。

表6.5　100mm×680mm 土工格室结构层计算值与实测值对比

荷载	位移/mm								
	0.556	1.115	1.809	2.453	3.125	3.852	4.831	5.800	7.076
实测值/kPa	75	150	225	300	375	450	525	600	675
计算值/kPa	60.01	120.35	195.25	264.76	337.29	415.76	521.42	626.01	763.73
相差百分比/%	19.99	19.77	13.22	11.75	10.06	7.61	0.68	4.34	13.15

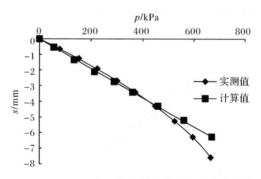

图6.11　100mm×680mm 土工格室结构层计算值与实测值对比曲线

3. 150mm×400mm 土工格室结构层计算验证

式(6.20)中部分参数的计算见表6.6。

表6.6　150mm×400mm 土工格室结构层部分参数计算

参数	$E/(10^7 N/m^2)$	$EI/(N \cdot m^2)$	β/m^{-1}	βL	$\beta(L-B)$
数值	8.9	16269.2	5.822	3.493	2.0377

查表得

$$\phi_1(3.493)=-15.4224, \quad \phi_2(3.493)=-10.4978, \quad \phi_3(3.493)=-2.7957$$
$$\phi_4(3.493)=2.448, \quad \phi_2(2.0377)=0.8892, \quad \phi_3(2.0377)=1.6859$$

所以有

$$C=1-\frac{\phi_1(\beta L)\phi_2[\beta(L-B)]+4\phi_3[\beta(L-B)]\phi_4(\beta L)}{\phi_1(\beta L)\phi_2(\beta L)+4\phi_3(\beta L)\phi_4(\beta L)}=1-\frac{2.7929}{134.53}=0.97924$$

根据式(6.35)得

$$p=1.6552\frac{ky}{C}=126.37y$$

将计算值和实测值进行比较,见表 6.7 和图 6.12。

表 6.7　150mm×400mm 土工格室结构层计算值与实测值对比

荷载	位移/mm							
	0.317	0.945	1.556	2.209	3.038	3.959	5.096	6.238
实测值/kPa	75	150	225	300	375	450	525	600
计算值/kPa	40.06	119.42	196.63	279.14	383.9	500.29	643.96	788.28
相差百分比/%	46.59	20.39	12.61	6.95	2.37	11.18	22.66	31.38

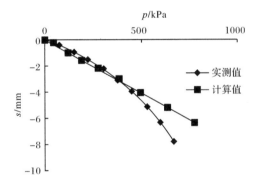

图 6.12　150mm×400mm 土工格室结构层计算值与实测值对比曲线

4. 150mm×680mm 土工格室结构层计算验证

式(6.20)中部分参数的计算见表 6.8。

表 6.8　150mm×680mm 土工格室结构层部分参数计算

参数	$E/(10^7 \text{N}/\text{m}^2)$	$EI/(\text{N}\cdot\text{m}^2)$	β/m^{-1}	βL	$\beta(L-B)$
数值	8.62	15757.36	5.8686	3.52	2.05

查表得

$$\phi_1(3.52)=-15.7108, \quad \phi_2(3.52)=-10.9647, \quad \phi_3(3.52)=-3.1176$$
$$\phi_4(3.52)=2.3593, \quad \phi_2(2.05)=0.8713, \quad \phi_3(2.05)=1.6947$$

所以有

$$C=1-\frac{\phi_1(\beta L)\phi_2[\beta(L-B)]+4\phi_3[\beta(L-B)]\phi_4(\beta L)}{\phi_1(\beta L)\phi_2(\beta L)+4\phi_3(\beta L)\phi_4(\beta L)}=1-\frac{2.3044}{142.84}=0.9839$$

根据式(6.35)得

$$p=1.6552\frac{ky}{C}=125.77y$$

将计算值和实测值进行比较,见表6.9和图6.13。

表6.9 150mm×680mm土工格室结构层计算值与实测值对比

荷载	位移/mm							
	0.493	1.082	1.652	2.532	3.217	4.178	5.084	6.368
实测值/kPa	75	150	225	300	375	450	525	600
计算值/kPa	62.00	136.08	207.77	318.45	404.60	525.47	639.41	800.9
相差百分比/%	17.33	9.28	7.66	6.15	7.89	16.77	21.79	33.48

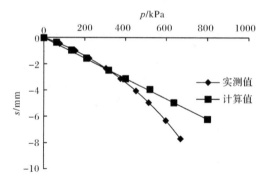

图6.13 150mm×680mm土工格室结构层计算值与实测值对比曲线

5. 压实度98%的100mm×680mm土工格室结构层计算验证

式(6.20)中部分参数的计算见表6.10。

表6.10 压实度98%的100mm×680mm土工格室结构层部分参数计算

参数	$E/(10^7 N/m^2)$	$EI/(N \cdot m^2)$	β/m^{-1}	βL	$\beta(L-B)$
数值	9.146	4573	7.9956	4.8	2.8

查表得

$\phi_1(4.8)=5.3164$, $\phi_2(4.8)=-27.6052$, $\phi_3(4.8)=-30.2589$

$\phi_4(4.8)=-16.4604$, $\phi_2(2.8)=-2.477$, $\phi_3(2.8)=1.3721$

所以有

$$C=1-\frac{\phi_1(\beta L)\phi_2[\beta(L-B)]+4\phi_3[\beta(L-B)]\phi_4(\beta L)}{\phi_1(\beta L)\phi_2(\beta L)+4\phi_3(\beta L)\phi_4(\beta L)}=1-\frac{-103.51}{1845.53}=1.0561$$

根据式(6.34)得

$$p=1.52788\frac{ky}{C}=108.157y$$

将计算值和实测值进行比较,见表6.11和图6.14。

表6.11　压实度98%的100mm×680mm土工格室结构层计算值与实测值对比

荷载	位移/mm								
	0.585	1.143	1.661	2.169	2.863	3.522	4.252	5.172	6.206
实测值/kPa	75	150	225	300	375	450	525	600	675
计算值/kPa	63.27	123.63	179.65	234.6	309.66	380.94	459.9	559.4	671.24
相差百分比/%	15.64	17.58	20.16	21.80	17.42	15.35	12.40	6.77	0.56

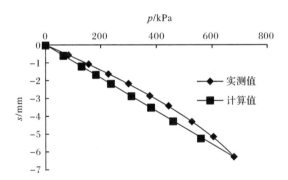

图6.14　压实度98%的100mm×680mm土工格室结构层计算值与实测值对比曲线

6. 压实度98%的150mm×680mm土工格室结构层计算验证

式(6.20)中部分参数的计算见表6.12。

表6.12　压实度98%的150mm×680mm土工格室结构层部分参数的计算

参数	$E/(10^7\mathrm{N/m^2})$	$EI/(\mathrm{N\cdot m^2})$	$\beta/\mathrm{m^{-1}}$	βL	$\beta(L-B)$
数值	9.264	16934.59	5.7638	3.46	2.02

查表得

$$\phi_1(3.46)=-15.1238,\quad \phi_2(3.46)=-10.0396,\quad \phi_3(3.46)=-2.4876$$

$$\phi_4(3.46)=2.5272,\quad \phi_2(2.02)=0.9235,\quad \phi_3(2.02)=1.6678$$

所以有

$$C=1-\frac{\phi_1(\beta L)\phi_2[\beta(L-B)]+4\phi_3[\beta(L-B)]\phi_4(\beta L)}{\phi_1(\beta L)\phi_2(\beta L)+4\phi_3(\beta L)\phi_4(\beta L)}=1-\frac{2.8926}{126.69}=0.9772$$

根据式(6.35)得

$$p=1.6552\frac{ky}{C}=126.63y$$

将计算值和实测值进行比较,见表 6.13 和图 6.15。

表 6.13　压实度 98% 的 150mm×680mm 土工格室结构层计算值与实测值对比

荷载	位移/mm								
	0.537	1.078	1.604	2.200	2.828	3.498	4.180	4.880	5.663
实测值/kPa	75	150	225	300	375	450	525	600	675
计算值/kPa	68.00	136.51	203.12	278.59	358.12	442.97	529.33	617.97	717.13
相差百分比/%	9.33	8.99	9.72	7.14	4.50	1.56	0.82	3.00	6.24

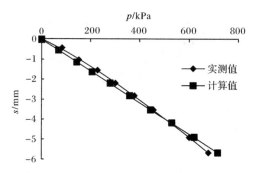

图 6.15　压实度 98% 的 150mm×680mm 土工格室结构层计算值与实测值对比曲线

7. 误差分析

从以上六组数据验证可知,根据公式计算的承载力和试验所测得的承载力基本吻合,相差不大。除图 6.12 和图 6.13 在沉降量、荷载较大时误差达到 30% 以上,其他的计算值和实测值都比较接近。实测承载力在 450kPa 以前,计算值和实测值都比较接近。造成实测值和计算值之间误差的主要原因有以下两方面:

(1) 由假定前提产生的误差。此承载力公式是基于 Winkler 假定的弹性地基上进行推导的。由于地基本身不是完全弹性,还具有塑性,计算值和实测值因为塑性的存在而产生误差。这种误差随着沉降量的增大而增大,这部分误差是因为假定前提产生的,是不可避免的误差。

(2) 由参数取值产生的误差。公式中地基系数 k、抗弯刚度 EI 的取值对承载力计算的影响很大。室内试验测得的地基系数 k 和现场试验测得的有很大差别,而且现场测得的值因承载板面积不同而不同;抗弯刚度 EI 由土工格室结构层的模量 E 和惯性矩 I 组成。模量 E 考虑了土工格室结构层的弹性和塑性,可通过现场试验测得,但也因承载板面积的变化而变化;惯性矩 I 与土工格室结构层参与作用的横截面有关。我们可以通过正确地选取参数值来减小这部分误差,因此正确选取参数值显得非常重要。

6.4　土工格室柔性筏基工程数值模拟

6.4.1　计算概述

1. 计算软件及接触面模型

压实后的土工格室结构层与饱和黄土层、路堤填土的材料性质存在较大的差异,在一定的应力条件下有可能在其接触面上产生错动滑移或开裂,因此本节应用大型有限元软件 MARC 进行有限元计算时,采用 Visual Fortran 6.5 对其进行了二次开发,编制了 Goodman 单元的用户子程序。在分析中采用接触面(Goodman)单元,两接触面之间假想为无数微小的弹簧所连接,在受力前两接触面完全吻合,即单元没有厚度,只有长度,是一种一维单元。接触面单元与相邻接触面单元或二维单元之间只在节点处有力的联系。每片接触面单元两端有两个节点,一个平面单元共有四个节点。

2. 计算模型

取半幅路基作为计算模型,宽 14m,高 6m,边坡坡度为 1∶1.5,采用分级施加荷载模拟路堤的填筑过程,每一步施加荷载为厚 1m 的路基填土;地基计算宽度为 43m,厚度分为两种情况:一是路堤以下 15m 范围内为饱和黄土,其下为 5m 左右的砂砾层,如图 6.16 所示;二是路基底面以下 4m 范围内为饱和黄土,其下 3m 为砂砾层,再往下为泥岩层,如图 6.17 所示。土工格室厚度取为 20cm,外端铺设至坡脚以外 2m,共计 25m,位于路堤底部;Goodman 单元介于路堤与土工格室、土工格室与地基之间的接触面上,如图 6.16 和图 6.17 所示。

3. 边界条件

两种模型水平方向Ⅱ-Ⅱ、Ⅲ-Ⅲ边界 x 方向变形取为 0,模型底面Ⅰ-Ⅰ边界 y

方向变形取为 0;上部路堤荷载采用分级加载。

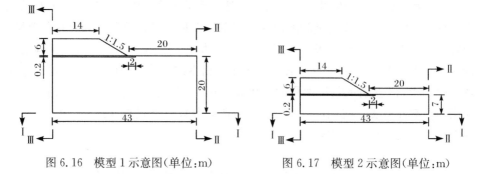

图 6.16   模型 1 示意图(单位:m)   图 6.17   模型 2 示意图(单位:m)

4. 计算参数的取值

计算中土工格室层采用线弹性模型,路堤、饱和黄土层、砂砾层均采用弹塑性模型,其屈服准则选用线性莫尔-库仑准则。

本节采用的计算参数参考模型试验和现场试验数据来确定,见表 6.14和表 6.15。

表 6.14   土工格室柔性筏基工程模型 1 计算参数

参数	土体重度 $\gamma/(kN/m^3)$	黏聚力 c/kPa	内摩擦角 $\varphi/(°)$	变形模量 E/MPa
路堤(6m)	19	35	30	30
土工格室层(0.2m)	19	190	45	90
饱和黄土层(15m)	17.5	15	20	2
砂砾层(5m)	20	0	35	72

表 6.15   土工格室柔性筏基工程模型 2 计算参数

参数	土体重度 $\gamma/(kN/m^3)$	黏聚力 c/kPa	内摩擦角 $\varphi/(°)$	变形模量 E/MPa
路堤(6m)	19	35	30	30
土工格室层(0.2m)	19	190	45	90
饱和黄土层(4m)	17.5	15	20	2
砂砾层(3m)	20	0	35	72

6.4.2   计算结果分析

1. 水平位移性状

水平位移包括路堤底面的水平位移及路堤坡脚沿地基深度方向的水平位移。

本节在有限元分析的基础上,提取相应的数据进行汇总和分析。

1) 坡脚水平位移

图 6.18 和图 6.19 分别为两种地基模型加格室和未加格室条件下共 12 种工况的坡脚水平位移曲线。

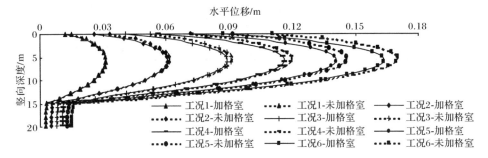

图 6.18　厚 15m 的饱和黄土地基坡脚水平位移曲线

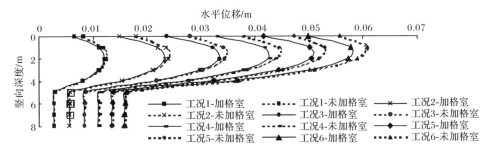

图 6.19　厚 4m 的饱和黄土地基坡脚水平位移曲线

从图 6.18 和图 6.19 可以看出,采用土工格室处理饱和黄土地基时,在 6 种加载工况下,其最终水平位移都小于处理前的水平位移。厚 15m 的饱和黄土层中,加格室和未加格室条件下,坡脚水平位移沿深度方向的变化趋势一致,两者的最大值都出现在 6m 深度左右,其后逐步衰减,至 12m 深度趋于相同,土工格室的影响深度为 10m 左右。厚 4m 的饱和黄土层中,两种条件对应的水平位移变化趋势一致,可以明显地发现位移最大值出现在 1m 左右,而在 4m 处两者位移仍然存在比较明显的差异,说明土工格室的影响深度比较大,约为 3m。从图中还可以发现,在路基填筑的初期,两种地基条件下的水平位移差别很小;随着荷载的施加,也就是随着路基高度的逐渐增加,两种条件对应的坡脚水平位移差别越来越大。说明土工格室的存在能够有效地减小坡脚处的水平位移。

2) 路堤底面水平位移

图 6.20 和图 6.21 分别为两种地基模型加格室和未加格室条件下共 6 种工况的路堤底面水平位移曲线。

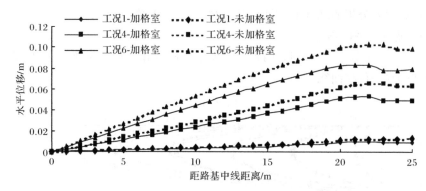

图 6.20　厚 15m 的饱和黄土地基路堤底面水平位移曲线

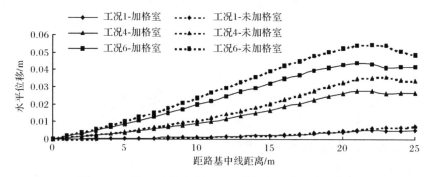

图 6.21　厚 4m 的饱和黄土地基路堤底面水平位移曲线

对比图 6.20 和图 6.21 可以发现,两种地基条件下,路堤底面的水平位移自路基中线向坡脚方向逐渐变大,两者规律一致。在路堤填筑高度不大时,加格室与未加格室对应的路堤底面水平位移曲线差别相对较小,随着填筑高度的增加,土工格室发挥的作用越来越明显。利用土工格室处理时,两种地基模型的水平位移均小于未加格室的情况。坡脚以外 2m 范围内均采用土工格室处理,因此其水平位移在坡脚两侧变化比未采用格室时平缓,说明土工格室可以有效地改善坡脚处地基的受力情况。

2. 竖向位移性状

竖向位移包括路基顶面竖向位移、路基底面竖向位移、中线断面上路基和地基的竖向位移,如图 6.22～图 6.24 所示。

对比图 6.22～图 6.24 可以发现,利用土工格室处理的饱和黄土地基,路基的竖向位移均比未采用时有所减小,同时,所有曲线的趋势均一致。厚 4m 的饱和黄土地基上采用土工格室处理时,其发挥的减小竖向位移的作用较为明显,土工格

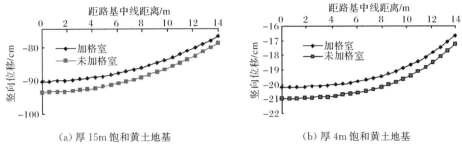

图 6.22　路基顶面竖向位移曲线

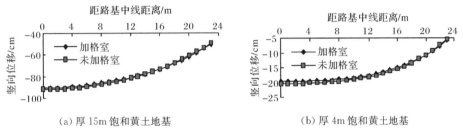

图 6.23　路基底面竖向位移曲线

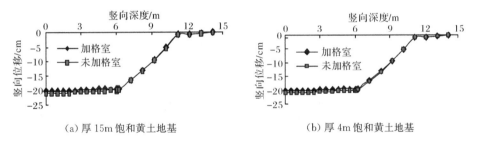

图 6.24　中线断面上路基和地基竖向位移曲线

室可以有效地约束路基顶面的竖向变形,在土工格室的作用下,路基顶面沉降量最大可以减小 5% 左右,但是土工格室对路基底面竖向变形的影响较小。对于厚15m 的饱和黄土地基,减小的总沉降量比厚 4m 的饱和黄土地基要大,但其减小量相对总沉降量很小。从图 6.24 可以发现,在 6m 深度范围内,地基变形比较均匀,其后至砂砾层段,地基变形呈渐变趋势,两种工况下变化不大。土工格室加筋体作为一个强度和刚度较大的柔性结构层,具有网兜效应,约束了地基的竖向位移,起到了加筋的作用。这表明土工格室加筋层承受地基表面的拉力,通过界面之间的摩擦作用,使沉降向两侧扩散,竖向位移曲线相比之下变得比较平缓,使路基和地基结构体的整体性得到加强。

3. 应力性状

利用 MARC 软件强大的后处理功能,可以得到两种地基条件下的竖向应力等值线图。本节只提取最终加荷情况下的竖向应力等值线图,并与路基底面竖向应力曲线进行对比,如图 6.25～图 6.27 所示。

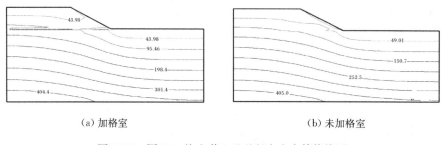

(a) 加格室　　　　　　　　　　　　　　(b) 未加格室

图 6.25　厚 15m 饱和黄土地基竖向应力等值线图

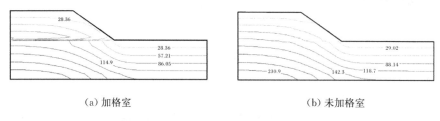

(a) 加格室　　　　　　　　　　　　　　(b) 未加格室

图 6.26　厚 4m 饱和黄土地基竖向应力等值线图

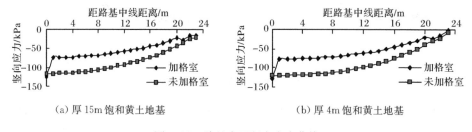

(a) 厚 15m 饱和黄土地基　　　　　　　　(b) 厚 4m 饱和黄土地基

图 6.27　路基底面竖向应力曲线

从图 6.25 和图 6.26 可以看出,利用土工格室加固饱和黄土路基时,对竖向应力的均匀分布起到一定的作用。图 6.25(a)、图 6.26(a)中,两种工况下,竖向应力在土工格室层均出现应力集中现象,反映出土工格室承受了较大的力,而且其层面所受到的竖向应力大小基本相等,保证了其下饱和黄土层顶面所受到的竖向应力比较均匀。而在图 6.25(b)、图 6.26(b)两种工况下,竖向应力分布呈明显的条带状,地基在相同的深度处所受到的竖向应力均大于同等地质条件下采用土工格室处理的工况。而且还可以发现与竖向应力相似的规律：土工格室的处理效果是受到饱和黄土厚度制约的，饱和黄土层厚度越大，处理效果相对越差，反之，处理效果越好。

从图 6.27 中可以发现，土工格室处理后的路基底面竖向应力比较均匀，最大值和最小值的差值远小于未加格室的情况。因受边界条件的影响，加土工格室的应力曲线第一点出现突变，从第二点开始，应力值变化较均匀。这是由于土工格室受力后产生挠曲变形，呈现出与地基表面相似的性状，降低了路基中线附近的竖向应力，并使之向两侧扩展，使路基底面竖向应力分布更加均匀。

4. 设计参数的影响

1）土工格室高度的影响

土工格室高度有不同的规格，如 100mm、200mm、300mm 等，在实际工程中采用何种规格的土工格室将直接影响工程的经济性。本节就浅层（厚 4m）饱和黄土地基模型条件下土工格室高度对路堤竖向位移和坡脚水平位移的影响进行分析，如图 6.28 和图 6.29 所示。

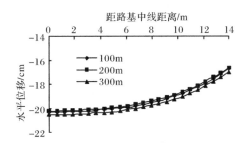

图 6.28　不同土工格室高度下坡脚水平位移曲线

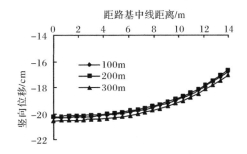

图 6.29　不同土工格室高度下路堤竖向位移曲线

从图 6.28 和图 6.29 可以看出，土工格室高度从 100mm 变化到 200mm 时，水平位移变化比较明显；而从 200mm 变化到 300mm 时，水平位移变化不大。路堤最终沉降变形受土工格室高度的影响不大,最大变化值只有 0.3mm,相对于 200mm 左右的总竖向位移,可以不予考虑。由此可见,土工格室高度对地基水平位移有一定的影响,而对总的竖向位移基本没有太大的影响。

2) 布置位置的影响

在实际施工中常用的布置位置有两种:一是在地基表面清表,然后下挖 30cm,铺设 200mm 的土工格室,上面再铺设 10cm 的砂砾层,最后填筑路堤;二是清表后,铺设 10cm 的砂砾层,再铺设 200mm 的土工格室,然后填筑路堤。不同铺设位置时的坡脚水平位移和路堤竖向位移曲线如图 6.30 和图 6.31 所示。

由图 6.30 和图 6.31 可以发现,当采用第一种布置位置时,坡脚的水平位移减小,最大减小值为 2mm 左右;而路堤的竖向位移与采用第二种位置时相差不大。

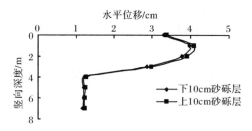

图 6.30　不同布置位置时坡脚水平位移曲线

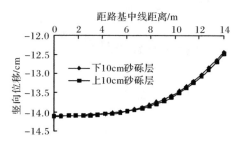

图 6.31　不同布置位置时路堤竖向位移曲线

6.5　柔性筏基设计与施工

通过以上分析得出土工格室加固饱和黄土地基时,其加固效果受饱和黄土层厚度制约,对于厚度小于 4m 的浅层饱和黄土地基,加固效果较好,而对于厚度大于 6m 的厚层饱和黄土地基,效果相对不明显。因此,软弱地基厚度小于 6m 时,可采用柔性筏基加固措施,如图 6.32 所示;软弱地基厚度大于 6m 时,宜采用低强度桩(碎石、水泥搅拌桩等)复合地基与土工格室加筋层构成的桩-筏体系加固处理,如图 6.33 所示。

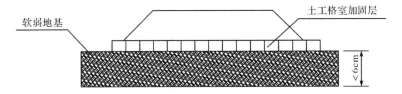

图 6.32　柔性筏基加固断面示意图

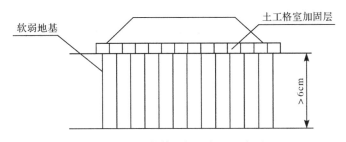

图 6.33　桩-筏体系加固断面示意图

6.5.1　柔性筏基设计

柔性筏基加固地基的设计步骤如下:

(1) 了解被加固地基的几何尺寸、荷载情况、地基土及填土的性质。

(2) 确定铺设土工格室的宽度及土工格室尺寸规格。

(3) 按式(6.20)进行地基承载力计算。

(4) 对加固地基进行稳定性验算。

6.5.2　桩-筏体系设计

桩-筏体系加固地基的设计步骤如下:

(1) 单桩承载力的计算,复合地基承载力的计算。

(2) 柔性筏基设计。

(3) 置换率和桩数的计算。

(4) 下卧层地基强度的验算。

(5) 沉降计算。

6.5.3　柔性筏基施工工艺

1. 施工工艺

柔性筏基施工工艺如图 6.34 所示。

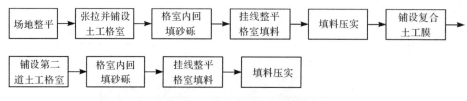

图 6.34　柔性筏基施工工艺

2. 施工质量控制

（1）土工格室材料检查验收。施工前必须对购进的土工格室材料进行检查验收,材料必须有出厂合格证和测试报告,每 5000m² 应随机抽样并测试,结果必须达到设计对材料规格和性能的要求。

（2）整平地面并振压。铺设土工格室前,首先整平施工场地,对于松软地层上有上覆硬壳时,应对地基进行碾压,其上平铺厚 0.3m 的粗粒土。对于较松软地基,粗粒填土碾压整平后应保证地面以上厚 0.3m,然后铺设土工格室。

（3）张拉并铺设土工格室。相邻土工格室板块采用合页式插销整体连接。在完全张拉开土工格室后,在四周用钢钎或填料固定,否则,严禁进行下一工序的施工。

（4）格室填料。土工格室填料与路基填料相同,要求填料颗粒均匀,最大粒径不得大于 5cm。每层格室填料的虚填厚度不大于 30cm,但不宜小于 20cm,格室未填料前,严禁机械设备在其上行驶。由推土机向前摊平时,保证格室以上填土不小于 10cm,且不大于 15cm。格室上填土应从两边向中间进行。

6.5.4　桩-筏体系施工工艺

桩-筏体系施工工艺同 6.5.3 节,这里只介绍水泥粉喷桩施工。

1. 施工工艺

水泥粉喷桩施工工艺如图 6.35 所示。

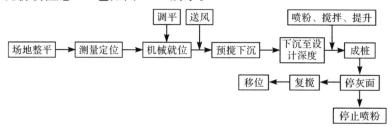

图 6.35　水泥粉喷桩施工工艺

2. 施工质量控制

(1) 保证垂直度。控制机械的垂直度,偏斜不超过 1%。

(2) 保证桩位准确度。桩位布置与设计误差不大于 2cm,成桩桩位偏差不超过 5cm。

(3) 喷桩机械的钻头磨耗不得大于 10mm。

(4) 搅拌机提升速度为 50～70cm/min,停灰后提升速度为 30m/min;搅拌速度为 30r/min,复搅长度为 1/3～2/3 桩长。

(5) 为保证设计喷灰量,机械需配备喷灰电子计量装置,并标定合格,由监理确认。

(6) 土工格室填料颗粒大小要均匀,最大粒径不大于 5cm,每次填料的虚填厚度为 15～20cm,压实度 $K \geqslant 0.9$。

(7) 实行施工过程的全程旁站监理制度,进行严格的质量检验。

6.6　工　程　实　例

6.6.1　土工格室柔性筏基工程实例

甘肃省尹家庄—中川机场(尹中)高速公路 K25＋790～K26＋060 段路基填土高度 5.96m,路基宽度 28m。地基土由三部分组成:上部为新近堆积黄土,硬塑状,具有强烈的湿陷性,层厚 0.4～0.7m;中部为饱和黄土,土质软硬不均,多呈软塑～流塑状,层厚 3.9～4.3m,其物理力学指标见表 6.16;下部为砂砾层,层厚 2.8m 左右。

表 6.16　K25＋790～K26＋060 段饱和黄土物理力学指标

天然含水率 /%	天然重度 /(kN/m³)	天然孔隙比	液限 /%	塑限 /%	压缩系数 α_{1-2}/MPa^{-1}	压缩模量 /MPa	内摩擦角 /(°)	黏聚力 /kPa
28.08	28.61	0.87	27.74	19.14	1.82	2.18	18.4	16.0

为了提高地基承载力,减小路基不均匀沉降,采用土工格室加固法对饱和黄土地基进行了处理。其中,土工格室规格为:焊距 40cm,格室高度 10cm,板材厚度 1.1mm,分两层进行铺设,整个加固厚度 20cm。同时在该路段布置了测试断面(图 6.36),对路堤坡脚水平位移、路基底面竖向位移及路基底面竖向应力进行现场测试,以检验加固效果,并与有限元分析结果进行对比,结果如图 6.37～图 6.39 所示。

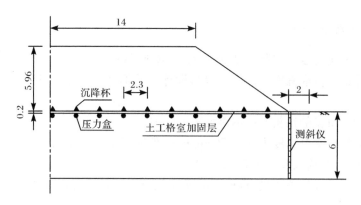

图 6.36　测试断面示意图(单位:m)

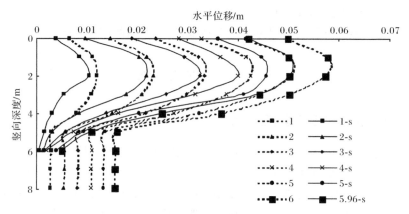

图 6.37　路堤坡脚水平位移现场实测数据与有限元分析结果对比
实线代表现场实测数据;虚线代表有限元分析结果

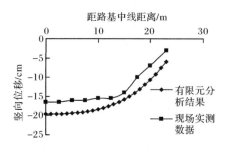

图 6.38　路基底面竖向位移现场
实测数据与有限元分析结果对比

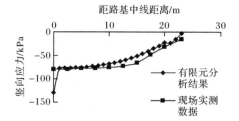

图 6.39　路基底面竖向应力现场
实测数据与有限元分析结果对比

　　从图 6.37 中可以发现,路堤坡脚水平位移有限元分析结果与现场实测数据
趋势一致,且两者均在深度 5m 左右急剧减小,表明土工格室的影响作用在此处已

经很小；两者最大相差 0.01m 左右，误差不超过 20%，这与现场地基土的固结有一定的关系。从图 6.38 可以看出，路基底面竖向位移有限元分析结果与现场实测数据趋势一致，最大相差 3.4cm 左右，误差为 16% 左右，这与分析时未考虑土体本身的固结有关。从图 6.39 可以看出，路基底面竖向应力有限元分析结果与现场实测数据规律一致，最大相差 14kPa，误差不超过 20%。

6.6.2　土工格室桩-筏体系工程实例

甘肃省尹家庄—中川机场高速公路 K25+665～K25+736 段路基平均填土高度 6.3m，路基宽度 28m。地基土由两部分组成：上部为新近堆积黄土，硬塑状，具有强烈湿陷性，层厚 0.6～0.9m；下部为饱和黄土，呈软塑～流塑状，天然含水率为 27.6%～29.3%，孔隙比为 0.92，层厚 9～15m。天然地基承载力仅为 70kPa，无法满足工程需要。为了提高地基承载力，减小路基不均匀沉降，采用水泥粉喷桩＋土工格室柔性筏基对饱和黄土地基进行处理，处理方案如图 6.40 所示。同时在该路段右半幅地基布置了测试断面，如图 6.41 所示，以检验加固效果，并与有限元分析结果进行对比，结果如图 6.42～图 6.44 所示。

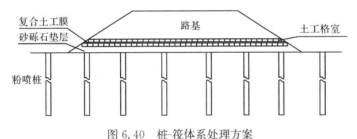

图 6.40　桩-筏体系处理方案

分析图 6.42～图 6.44 可以看出，有限元计算结果表明，在复合地基顶部是否铺设土工格室对计算结果有较大的影响，铺设土工格室时的桩土应力比大于不铺设时的计算结果，沉降和侧向位移则小于不铺设土工格室时的计算结果，即铺设土工格室可以适当减小地基的沉降，约束地基的侧向位移，但是却使应力向桩体集中。

6.6.3　效果评价

甘肃省尹家庄—中川机场高速公路建设从 2000 年 11 月开始，至 2001 年 5 月结束，经过 6 个月的紧张施工，共处理软基 3.5km，完成水泥粉喷桩 64 万延米。软基处理结束后，尹家庄—中川机场现场办公室组织有关单位对处理地段采用开挖检查、钻孔取芯、静荷载试验等方法进行了质量检测，检测结果表明，软基处理地段的复合地基承载力完全满足设计要求。在随后一年多的运营观测中，路基未发生不均匀沉降现象，累计最大沉降量小于 5cm，并已趋于稳定，表明软基加固效果理想。

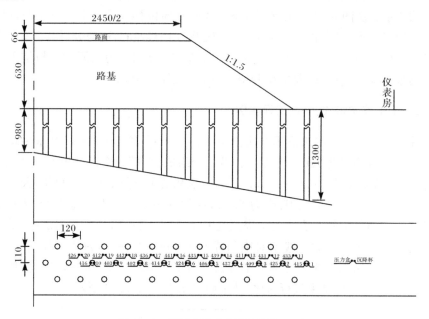

图 6.41　测试元件布置图(单位:mm)

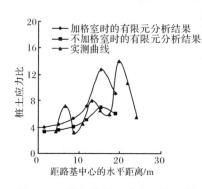

图 6.42　桩土应力比-水平距离曲线

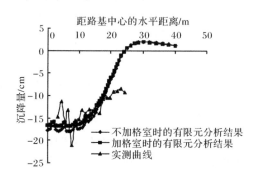

图 6.43　沉降量-水平距离曲线

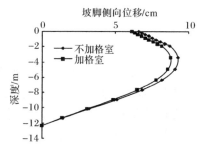

图 6.44　坡脚侧向位移沿深度的分布曲线

第7章 土工格室在路基边坡防护中的应用

7.1 概　　述

公路常年暴露于自然环境中,承受着各种自然条件的影响,如气象变化、水流冲刷、人类活动等,使路基产生各种变形、病害甚至破坏,而路基防护工程就是防治路基病害,保证路基稳定,改善环境景观和生态平衡的重要设施[116~118]。因此,路基防护工程虽不属于路基主体工程,但却是必不可少的辅助工程,是路基工程的重要组成部分。

路基防护的种类和方法是多种多样的,但应遵循“因地制宜、就地取材、经济适用、照顾景观”的原则[119]。

(1) 因地制宜。是指要结合实际地形、地质条件,确定路基的防护方法。过高的防护标准将会增加工程造价,过低的防护标准又达不到防护的目的。因此结合实际情况制定出适宜的防护措施是非常必要的。

(2) 就地取材。尽量利用当地材料,就地采集、利用,以节省运输费用,降低工程造价。例如,在适合植物生长的土质路段边坡,应优先选用植物防护,在石料丰富的地区,则应尽量利用石料砌筑。

(3) 经济适用。是指要力求节省工程费用和其他开支,既要降低成本,又要经济耐用和养护工作量最小。有些防护工程措施是群众在长期实践中创造出来的行之有效的经验方法,应该认真调查总结并进一步提高其应用水平。对于有价值的新材料、新技术和新方法,符合技术政策和经济耐用原则,已经过评审鉴定通过且被列为推广应用技术的,也应结合工程特点,进行实地试验取得资料,确实具有经济效益和社会效益的,应积极组织实施。

(4) 照顾景观。是指不仅要能保护路基,还应当力求适合当地环境,美化环境。虽然修建高速公路对其周围经济发展起到了巨大的促进作用,但对环境也会造成一定的破坏。因此应尽可能选择符合环保要求,并与周围景观相协调的防护措施,以弥补对生态环境造成的损害。

从广义上讲,路基防排水、防冻、防风沙、防雪害、抗震等采取的各类措施,都属于路基防护的范畴[101,120]。通过采取有效的防护措施可以保证路基在各种自然灾害侵蚀下保持其正常的使用功能。本章具体讨论的各种防护措施主要是指路基边坡的坡面防护。

坡面防护主要是保护路基边坡表面免受雨水冲刷,减缓温度及湿度变化的影响,防止和延缓软弱岩土表面的风化、碎裂、剥蚀演变进程,从而保护路基边坡的整体稳定性,在一定程度上还可兼顾路基美化和协调自然环境[121,122]。坡面防护设施,不承受外力作用,必须要求坡面岩土整体稳定牢固。简易防护的边坡高度与坡度不宜过大,土质边坡坡度一般不陡于1:1～1:1.5。地面水的径流速度以不超过2.0m/s为宜,水也不宜集中汇流。雨水集中或汇水面积较大时,应有排水设施相配合,如在挖方边坡顶部设截水构,在高填方的路肩边缘设拦水埂等。

我国公路边坡常用的防护措施可归纳为四种类型:刚性圬工防护(刚性防护)、柔性防护(封面防护)、植物防护和复合型防护。这四种防护措施的具体形式、使用材料、技术要点及适用条件见表7.1。

表7.1　我国常用坡面防护措施类型

防护类型	具体形式	使用材料	技术要点	适用条件
刚性圬工防护	实体式护面墙	浆砌片石、块石、现浇混凝土或混凝土预制块	混凝土强度不低于C15,浆砌用砂浆强度不低于M5,寒冷地区不低于M7.5;应设置伸缩缝及泄水孔	易风化的软质岩石边坡或岩石较破碎的挖方边坡;易受侵蚀土质边坡
	干砌片石护坡	片石、碎石或砂砾石	铺砌层下应设置碎石或砂砾石垫层	周期性浸水的路堤边坡;易受水流侵蚀的土质边坡、软岩边坡
	浆砌(卵)石护坡	片石或卵石、砂浆	砂浆强度不低于M5;设置碎石或砂砾石垫层	
	水泥混凝土预制块护坡	水泥混凝土预制块	预制块的混凝土强度不低于C15;预制块砌缝用沥青麻筋等填塞;预制块底下设垫层	
	锚杆铁丝网喷浆或喷射混凝土护坡	锚杆;铁丝网或土工格栅;1:3水泥砂浆	锚杆应嵌入稳固基岩内	坡面岩石与基岩分开并有可能下滑的挖方边坡
柔性防护	抹面	石灰炉渣灰浆、石灰炉渣三合土或水泥石灰砂浆;沥青	厚度宜为3～7cm	易风化的软质岩石挖方边坡
	捶面	水泥炉渣混合土、石灰炉渣三合土或四合土	厚度宜为10～15cm	土质边坡或易风化的岩石边坡
	喷浆或喷射混凝土	砂浆;喷射混凝土;金属网或土工格栅;锚钉	喷浆所用砂浆强度不低于M10;喷射混凝土强度不低于C15;混凝土中骨料最大粒径不超过15mm;设置伸缩缝及泄水孔	易风化、裂隙、节理发育,坡面不平整的岩石挖方边坡

续表

防护类型	具体形式	使用材料	技术要点	适用条件
植物防护	种草	植物种子或苗木	选用适宜当地气候条件、根系发达、叶茎低矮或有葡萄茎的多年生草种	经常性浸水的路堤边坡不宜采用
	铺草皮			
	植树		树种选择能迅速生长且根深枝密的矮灌木类	坡度等于或缓于 1 : 1.5；公路弯道内侧严禁栽植高大树木
复合型防护	框格骨架＋植物	混凝土、浆砌片(块)石或卵(砾)石等坼工材料；草或树木	坼工骨架或护面墙骨架的强度、结构形式应满足跨拱高度及宽度要求；坡度应缓于 1 : 0.75；植物选择快速生长、茎叶发达类	坡度较缓的路堑边坡，非浸土质路堤边坡
	窗孔式护面墙＋种草			
	拱式护面墙＋种草			
	六角空心砖护坡＋种草	六角空心砖护坡；草	坡度选择应保障护坡体的稳定	

7.2　路基边坡加固机理

近年来我国的高等级公路建设得到了飞速发展，并正在逐步实现全国高速公路的网络化。与高速公路快速发展相伴的是高边坡数量的剧增，由于工期短，设计时对高边坡的地质情况了解不足以及施工期间对边坡防护加固重视不够等因素，从而诱发山体变形，引起开挖边坡坡面发生局部的坍塌、连续的裂缝和错台，迫使公路改线并造成一定范围的生态破坏[122]。上述状况已引起我国公路设计和建设部门的高度重视，投入了大量的人力和物力开展对公路边坡设计与防护的研究，国内外各种先进的工程防护技术和植物防护技术都在我国公路边坡防护上得到应用，并取得了较好的成效。

路基边坡作为一种人工边坡，具有坡度较陡、植被条件差、坡肩易遭雨水入渗、坡脚较少受水浸泡(个别路堤边坡除外)的特点，其中路基边坡病害机理包括以下几个[123~126]。

1. 坡面雨水冲刷侵蚀机理

坡面雨水冲刷是指降雨及其形成的坡表水流破坏坡面表层土体的现象。在路堑边坡与路堤边坡均不进行坡面防护的条件下，两者遭受的冲刷侵蚀机理虽然一致，但纵面上的破坏位置及抗冲刷强度有差异。路基边坡在有些坼工防护，如水泥混凝土护面墙防护的条件下，易发生潜蚀性冲刷。

　　坡面冲刷的物理本质就是坡面水流对土体的搬运,即坡面浅表层土颗粒在坡面水流动力的作用下从脱离母体到流失的过程,包括破坏、起动、运动和沉积四个环节。根据侵蚀破坏程度和发展阶段,罗斌等[127]将坡面冲刷划分为四种形式:片蚀、沟道冲刷、冲刷坑、冲刷性坍塌,按坡面径流出露特征和有无护坡工程,将坡面冲刷划分为裸坡冲刷和潜蚀性冲刷,见表 7.2。

表 7.2　坡面冲刷分类

分类标准	按侵蚀破坏程度和发展阶段						按坡面径流出露特征和有无护坡工程	
类型	片蚀		沟道冲蚀		冲刷坑	冲刷性坍塌	裸坡冲刷	潜蚀性冲刷
	雨滴溅蚀	面蚀	细沟侵蚀	浅沟冲刷				

　　片蚀分为雨滴溅蚀和面蚀。沟道冲蚀是坡面冲刷的主体,沟道冲蚀按其强度大小又可分为细沟侵蚀和浅沟冲刷。冲刷坑是一种点状形式的冲刷。冲刷性坍塌不是由坡面水流作用直接引起的,而是水力冲刷和重力坍塌交互作用的结果。

　　雨滴溅蚀。是指在无护坡的坡面上,雨滴直接打击坡面引起土颗粒分散和飞溅,或撞击地表薄层水流,增强水流的紊动,从而产生坡面流并增大侵蚀能力。溅蚀是一次降雨最先形成的坡面侵蚀,在整个坡面上都可能发生。开始降雨时,雨滴的接触面是坡面表层土颗粒,雨滴的大部分能量用于溅散坡面的土颗粒。当坡面存在薄层水流时,雨滴除了继续溅散表层土颗粒外,还有部分能量作用于水流层,使之产生振荡,增强水流的紊动及扩散作用,提高其携带泥沙的能力。降雨强度越大,雨滴越大,动能也越大,溅蚀作用越强烈。在某些条件下,溅蚀对坡面土颗粒的分散作用是产生径流的重要基础,不可忽视。

　　面蚀。当降雨填满坡面坑洼处后,若降雨强度超过坡面入渗强度,就会形成坡面径流,在裸露平整的坡面上,坡面径流在开始时呈薄而均匀的层流,随后形成不同深度的径流。面蚀是指坡面上松散土受到这种薄层水流或地表径流作用所发生的冲刷。在裸露的坡面上都会形成不同程度的面蚀。面蚀的侵蚀能力取决于流速、流量和边坡土体特性,而流速和流量又取决于降雨特征、坡度、坡长、坡面形态、坡面渗透率、坡面粗糙度等。一般情况下,降雨强度大、坡面土体抗冲蚀性差、坡度较大、入渗率低时,面蚀强烈。

　　细沟侵蚀。是指水流从细小的、轮廓清晰的小沟槽或径流集中的流路形成的坡面冲刷。由于土的抗侵蚀性差异或坡面微形态变化等原因,暴雨径流在分散和兼并过程中出现不均匀的细小股流。与面蚀相比,这些股流的侵蚀性较强,并随径流汇集而增大。同时,单条细沟也不断发展,出现分叉、合并和连通等现象,形成细沟侵蚀系统。细沟的发展可分为两个阶段:先形成纹沟,再发展成细沟。坡面产流开始,先形成面蚀,出现局部细小纹沟。纹沟贯通后,其流量增大,发展成细沟,并继续向上方延伸。

浅沟冲蚀。是指坡面流由小股径流汇集成大股径流,既冲刷表土又沿细沟下切沟底,形成比细沟规模更大的且具有一定深度和宽度的冲刷沟槽。

冲刷坑。在边坡平台或坡面其他部位,由于跌水冲掏或坡面流特殊集中冲蚀而形成的坑穴、深槽、陷穴或落水洞。在平台内侧和外缘常出现跌水冲掏现象,并形成冲刷陷穴和冲刷性落水洞。冲刷陷穴或冲刷性落水洞多为新的冲刷沟的源头。沟头有向坡面上方溯源发展的趋势,向坡面下方形成一段比别处更深的冲刷槽或冲刷坑。

冲刷性坍塌。是指由坡面冲刷引起的坡面局部坍塌或溜坍,主要是沟岸和上游沟壁的掉块、小坍塌和溜坍,它不是由坡面流水力作用直接产生的,而是与重力作用有关的坡面表层破坏。

路堑边坡的碎落台既是介质性质发生突变的部位,又是坡型发生突变的部位。此外,路堑边坡与自然边坡类似,坡顶一般无来流或来流较少,常常是坡面上径流在坡顶最小、坡脚较大。因此路堑边坡冲刷性坍塌较易发生在坡脚处或碎落台位置。

路堤边坡的介质突变位于路面与路床、路床与路堤接触部位,坡度突变位于边坡平台位置。此外,路面采用散放排水时,与自然边坡不同,路面汇流的雨水对路堤边坡来说是上游来流,而且高等级公路路幅较宽,汇水面积较大,汇流量也较大。与此流量相比,在边坡长度不大时,因坡长而增加的流量显得微不足道。因此路堤边坡上部及平台处的侵蚀作用最明显。

此外,路堤边坡与路堑边坡的抗雨水冲刷能力也有较大不同。路堤抗冲刷能力强于路堑,其原因在于路堤为人工填筑压实土,而路堑边坡为原状土。

潜蚀性冲刷是指坡面水流沿刚性护面体(如护面墙)与坡面的结合部位或护面体的裂缝处下渗、下灌,掏蚀护坡体内的土体。潜蚀性冲刷往往造成刚性护坡体工程的失效。

路堑边坡的开挖改变了湿陷性黄土的浸水条件,使原来免受浸水的土层遭受雨水浸湿。若坡面防护采用混凝土护面墙这样的刚性封闭式防护措施,则由于护面墙顶部与开挖坡面接触部位的防渗施工技术难以解决,首先该部位黄土发生湿陷性变形,与墙体之间形成裂缝,然后发生潜蚀性冲刷,最后导致护面体破坏,从而使防护工程失效。刚性护面墙体上若形成裂缝,将加剧这种破坏过程。另外,封闭式和刚性的混凝土护面墙会由于渗水无法排出,孔隙水压力激增,甚至导致土体中应力增加。

2. 边坡的侵蚀-失稳破坏机理

侵蚀-失稳破坏多发生于路堑边坡。若路堑边坡坡面在完工后不做有效防护，则降雨冲刷侵蚀作用发展到一定阶段，会在坡脚或边坡下部发育形成冲刷性坍塌。这种冲刷性坍塌若不及时进行有效处理，任凭冲刷侵蚀继续发展，边坡的坡度将变得比设计坡度更陡，边坡可能因此由稳定转为不稳定。在暴雨或长时间降雨的催化作用下，该路堑边坡将发生牵引式失稳破坏。

3. 坡体的深层失稳滑坡机理

路基边坡发生深层失稳滑坡的原因比较复杂，因工程地质条件和水文地质条件的不同而不同。根据滑坡诱发因素的不同，大致可以归纳为以下三种诱因。

（1）公路路线通过崩塌滑坡地区时，由于地质条件复杂，地质勘察能够获取的信息不足，同时有些地带还埋藏有丰富的地下水，路堑边坡的开挖促使原有滑坡体的复活。这种滑坡主要是原有软弱带抗剪强度降低，或者水平土压力卸除所致。

（2）黄土地层中存在垂直节理与裂隙。路堑边坡开挖完工后，在坡肩部位发育许多裂缝。这些地面裂缝或裂隙一般比较隐蔽，易被人忽略。在暴雨或长时间降雨气候条件下，雨水沿裂缝入渗，使裂隙不断向加深、加宽、加长三个方向发展。雨水的入渗和裂缝的发育一方面降低了土体的强度，另一方面增加了坡体的荷载。裂缝发育到一定程度，将影响边坡稳定性。

（3）在湿陷性黄土地区，若高路堤的基底处理不慎，基底浸水诱发的湿陷性沉降将引起路堤的不均匀沉降，进而造成路基破坏或路堤边坡的失稳，形成滑坡。

土工格室具有较密的三维蜂窝状结构，结构强度和土工利用模数都较高。在展开后的格室内充填砂、泥土等材料后，由于格室侧壁与充填材料产生的摩擦力和格室本身的侧限约束力，两者共同构成具有强大侧向限制和大刚度的轻型网状结构体。土工格室可用于坡面防护和建造挡墙。

对于较缓的稳定边坡，土工格室可用于坡面冲刷防护；而对于较陡的不稳定边坡，土工格室可用于建造挡墙。

与传统的工程措施相比，边坡的植物防护方法不仅可以减少坡面径流的作用，而且植物根系还具有加筋、锚固、排水的功能。北方干旱地区，由于干旱和暴雨集中冲刷，种子和植草不易在路基边坡上附着，且成活率低。植物防护与工程措施相结合无疑是一种相互扬长避短的有效组合。土工格室＋植物防护这种复合型边坡防护技术具有广阔的应用前景，其理论和应用技术值得深入研究。

4. 坡面防护机理

没有防护措施的黄土边坡坡面冲刷侵蚀可分为四个阶段：片蚀、沟道冲蚀、冲刷坑、冲刷性坍塌。当土工格室应用于坡面防护时，由于格室对充填土的约束作用以及在厚度方向上的加固作用，每个小格内的土仅会出现小部分流失。此外，由于格室在坡面横向上的阻挡作用，阻止了冲蚀道沟的形成及进一步向冲刷坑、冲刷性坍塌的发展，从而保护了坡面的完整性。

土工格室用于边坡坡面防护时，不仅减轻了雨水对坡面的冲蚀破坏，而且雨水可通过格室中充填的土壤渗出，或通过格室侧壁的孔洞渗透，使格室-土系统具有良好的排水性能，避免了坡面与防护体之间的潜蚀性冲刷破坏。因此土工格室作为一种柔性、开放式坡面防护方式，较好地解决了刚性、封闭式防护方法（如护面墙等）存在的缺陷。土工格室坡面防护的这一特性在湿陷性黄土边坡上的应用尤其具有重要价值。

另外，由于西北气候干旱和降雨集中，边坡植草很困难，土工格室的存在为幼草或草籽提供了安全的附着床，保护人工植草使其免受暴雨冲落，其与植物防护相结合的复合防护技术具有广阔的应用前景。土工格室植草护坡断面如图 7.1 所示，边坡下部为土工格室生态挡墙。

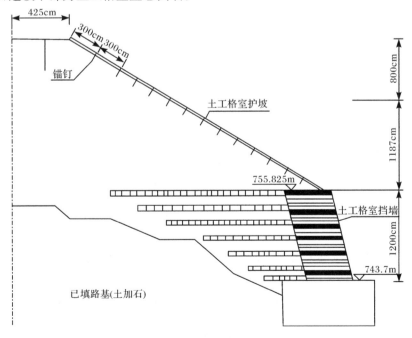

图 7.1　土工格室植草护坡断面

5. 生态挡墙加固机理

砂、土与土工格室结合组成结构体,一方面使松散的砂、土等材料组成一个块体,有利于施工;另一方面,其抗剪强度与砂、土等材料相比有显著的提高,结构稳定性好,且可防止墙体表面被雨水冲蚀。采用土工格室建造挡墙来加固边坡,正是利用土工格室的这一特性。土工格室构筑挡墙示意图如图 7.2 所示。

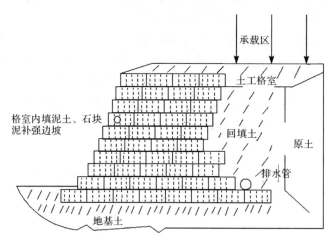

图 7.2　土工格室构筑挡墙示意图

加拿大皇家军事学院 Richard 等采用中密砂和松散砂样,对土体加土工格室和不加土工格室的不同类型进行了试验。试验表明[43],土体加土工格室后,黏聚力有了极大提高,而内摩擦角基本保持不变(表 7.3)。同时,应力-应变关系、强度有了显著改善。

表 7.3　Richard 等的试验结果

试验类型	黏聚力/kPa	内摩擦角/(°)
未加土工格室中密砂	5.8	45.4
加土工格室中密砂	190	44.4
加土工格室松散砂	156	42.1

此外,从边坡顶部入渗的降雨,可以从格室特设的侧壁孔眼中排出,或经特设的土工复合排水体中排出,避免了潜蚀性冲刷的发生和孔隙水压力的急剧增加。

格室中的土壤上还可以植草或灌木,进行植物防护,既能减少坡面的侵蚀,又可获得理想的绿化效果[128]。特别是在北方干旱地区,路基边坡在施工完成后短时间内无法形成植被的情况下,具有不可估量的经济价值和环保意义。

7.3　路基边坡冲刷模型试验

7.3.1　试验目的与冲蚀机理

黄土地区高等级公路路面排水主要有两种形式:集中式排水和分散式排水[129]。对于集中式排水,公路路堤边坡坡面所承受的主要是降雨对坡面的直接冲刷。由于路面范围内的降雨基本通过排水设施集中排走,降雨对路堤边坡所产生的冲刷较小。对于分散式排水,公路路堤边坡坡面除承受降雨直接冲刷外,还承受路面分散排水对路堤边坡的冲刷,影响较大。轻者会出现冲沟、面蚀等破坏现象而影响道路美观,严重时会导致路基失稳,出现滑坡、坍塌等破坏,进而影响行车安全。

对于分散式排水设计的路堤边坡,采用适当的防护措施是十分必要的。目前公路设计和施工中有许多措施可以进行防护,如种草、菱形框格圬工防护等,但采用土工材料进行防护的还很少。土工合成材料具有施工方便、价格低廉、整体稳定性好等特点。

1. 试验目的

(1) 研究公路路堤坡面沟蚀发生、发展规律,用试验成果指导路面、坡面排水设计。

(2) 研究冲蚀量与流量、防护、坡度等因素之间的关系。

(3) 根据试验研究上游来流流量与侵蚀模量之间的关系,提出黄土地区坡面土工格室防护的设计和施工方法。

2. 黄土路堤边坡冲蚀机理

1) 影响因素分析

公路边坡侵蚀是常见的工程病害,降雨侵蚀在坡面上形成蜂窝状冲蚀坑、细沟,在黄土地区还会见到陷穴、落水洞等现象,对边坡稳定、坡面绿化、公路景观影响较大。公路路堤边坡常见的降雨侵蚀现象是面蚀和沟蚀,沟蚀是面蚀发展的必然结果,而且沟蚀形成的冲蚀细沟等侵蚀微地形直接影响到降雨入渗率、边坡稳定性及行车安全。因此,在研究黄土路堤边坡防护时,以控制冲蚀量及冲蚀细沟的发展为主要目的,以防止降雨侵蚀作为黄土边坡防护研究的理论基础。影响边坡降雨侵蚀的因素很多,主要包括以下几个方面。

(1) 降雨。

降雨产流是细沟产生的必要前提,它对细沟发生、发育的影响主要表现在它所具有的有效产流降雨强度。有关试验资料表明,降雨动能对细沟侵蚀有较大影响。在坡度相同的情况下,如果通过增加模拟降雨雨滴降落高度(从 6.5m 增至 8m)来增加降雨动能,细沟侵蚀量就随之增大,细沟侵蚀量 S_r(kg/mL)与降雨动能 E_r(J/m^2)之间有较好的线性关系:

$$S_r = -0.153 + 0.009 E_r \tag{7.1}$$

然而,降雨动能的增加可以加大细沟侵蚀,即溅蚀泥沙向水流集中处输送,从而导致缓坡地带的沉积或径流冲刷力降低,影响细沟的发育。这一现象在陡坡上可能不重要,因为在陡坡上坡面流有足够的能量搬运被分离的泥沙。

在研究细沟侵蚀时,细沟中水流受雨滴影响很小,而且为了将细沟侵蚀与沟间侵蚀分开,直接用放水代替降雨是可行的。

(2)地形。

影响细沟发生与发育的地貌因素主要有坡度、坡长与坡形。细沟径流的水力梯度往往近似为坡度的正弦,因此坡度增加,细沟水流能量就会增加,从而加大了细沟侵蚀量。天然降雨后在野外坡地上的调查结果表明,在集水面积相等的情况下,均匀坡面上坡度与单位面积细沟侵蚀量和细沟发育密度均成正比。研究人员在甘肃省华亭粮食沟对大量的细沟调查后也得到类似的研究结果。有些学者通过试验发现存在细沟发生的临界坡度,然而,仅用坡度来确定细沟的发生是片面的,因为从侵蚀力学角度考虑,它既不能反映土壤抗蚀力,也不能全面反映坡面径流的侵蚀力。

坡形对细沟侵蚀的影响表现在坡度的纵、横向变化上。凹形坡使水流向下坡方向集中,从而导致下坡细沟提前产生与侵蚀强度增加,易形成具有地貌意义的细沟。凸形坡使水流向下坡方向分散,减小了下坡的细沟侵蚀强度。坡度的纵向变化直接反映水流动力的增减,当下坡坡度变得很缓时就会出现泥沙的沉积,反之,在坡面径流未达到其搬运能力的情况下,细沟侵蚀量则会增加。

试验中将地形因素归结为坡度和坡长两个因素。

(3)土壤。

土壤对细沟侵蚀的影响比较复杂,它主要通过其可蚀性、可结皮性、入渗能力、前期含水率等来起作用。

土壤可蚀性的强弱不仅对细沟的发生起重要作用,而且控制着它的发育。土壤可蚀性随土壤类型的变化而变化,细沟的发生及侵蚀也随土壤可蚀性的变化而变化。表土抗剪强度作为一个很有应用前景的土壤可蚀性参数引起了研究者的关注,并被引入细沟的侵蚀研究,可以采用水稳性团聚体来解释土壤对细沟侵蚀的影响。土壤可蚀性除平面变化外,其剖面变化也会影响细沟的产生。例如,犁底层的存在一方面可以降低入渗率,从而导致坡面径流侵蚀力的增加;另一方面,由于犁底层比耕作层具有更强的抗蚀性,当细沟下切遇到犁底层时就会向横向发展,引起细沟壁的坍塌。

　　土壤可结皮性、入渗能力与前期含水率主要通过控制坡面径流对细沟侵蚀产生影响。降雨前期或降雨过程中所产生的结皮都会有效地降低土壤入渗,从而增加坡面径流,但降雨前期所产生的结皮会引起表土抗蚀性的增加。土壤前期含水率不仅影响产流历时,而且影响土壤强度,从而作用于细沟的发生与发育。

　　对具体某一种土而言,影响沟蚀的因素主要是前期含水率。在试验中可预先在土槽中洒水,消除初始条件不同造成的差异。

　　(4) 地表状况。

　　一般认为,地表植被对土壤侵蚀有减缓作用。对于细沟侵蚀,紧贴地面的低层植物或植物残余物可有效地减少侵蚀。尽管植被可以拦截一部分降雨,但其拦截量仅占降雨量的很小一部分。工程边坡防护有多种情况,本节首先对裸露坡面进行试验,根据试验结果再考虑植物及工程防护的情况。

3. 试验原理分析

　　对公路工程而言,坡面的降雨冲蚀只有当形成冲蚀细沟后,才对路基及行车有明显影响。因此坡面防护以防止细沟的产生和减少侵蚀量为主要目的。

　　细沟侵蚀是由于降雨在坡面上形成的细沟侵蚀形态。研究人员研究发现,在降雨条件下,坡面上出现 1~2cm 的小沟即是细沟侵蚀的开始;细沟的宽和深在 1~10cm 变化;细沟侵蚀深度一般不超过 30cm,宽度可达 50cm,而大多数细沟深度小于 30cm,宽度小于 30cm[3]。无论如何,细沟侵蚀是坡面上的主要侵蚀方式,产沙量较大。因此定量研究细沟侵蚀量成为土壤侵蚀研究工作的重点。

　　坡上部来水在坡下方引起的净侵蚀产沙量 S 值的大小受上方来水量及来水含沙量和降雨强度的影响。受泥沙搬运能力影响,S 值随上方来水含沙量的减少而增加。这是因为在试验过程中,一定的水流条件对应于一定的泥沙搬运能力。当供沙土槽供沙量减少时,水流必然在细沟侵蚀槽引起另外的侵蚀产沙量,因而随着供沙土槽来水含沙量的减少,其引起细沟侵蚀槽的侵蚀产沙量增加。这一点在一定程度上支持了清水对土壤具有最大侵蚀分离能力的观点。基于上方来水引起坡下方净侵蚀产沙量随上方径流量增加而增大的事实,采取层层拦蓄的水土保持措施对减少坡面土壤侵蚀有十分重要的作用。

　　暴雨径流冲蚀强度一般用剥蚀率表示,即单位时间单位面积被剥蚀掉的土壤的质量,单位是 kg/(m²·s)。当水流剪切应力大于土壤临界抗剪切应力时,土壤颗粒被剥蚀,土壤剥蚀率从概念上可表达为

$$D_r = K(\tau - \tau_c) \tag{7.2}$$

式中:D_r 为土壤剥蚀率,kg/(m²·s);K 为坡面可蚀性参数,kg/(N·s);τ 为水流剪切应力,N/m²;τ_c 为土壤临界抗剪切应力,N/m²。

　　土壤剥蚀是土壤颗粒从土壤母质分离出来的过程。径流能量用来剥蚀土壤和输移泥沙。由于剥蚀,径流中的含沙量增加。随着径流中含沙量的增加,用于搬运泥沙所消耗的能量就会增大,用于剥蚀土壤的能量就会减小,地表径流形成的剥蚀率就必然减小。土壤剥蚀率定量化地描述为

$$D_r = K(\tau - \tau_c)\left(1 - \frac{qc}{T_c}\right) \tag{7.3}$$

式中:T_c 为水流的输沙能力,kg/(m·s);q 为单宽流量,m³/(s·m);c 为泥沙含量,kg/m³。

　　式(7.3)所表述的意义为:清水时,也就是 $c=0$ 时,土壤剥蚀率最大。当 $q<T_c$ 时,径流能量一部分用于剥蚀土壤颗粒,另一部分用于输移泥沙,因此土壤剥蚀率降低。当 $q=T_c$ 时,土壤剥蚀率为 0,即径流中的含沙量已达到了径流所能挟带的极限值,可利用的所有径流能量都用于输移剥蚀的土壤颗粒。当 $q>T_c$ 时,径流中的含沙量已超过了径流最大含沙量,泥沙开始沉积。

　　由此可见,土壤剥蚀率与径流含沙量有直接的关系,且清水比挟沙水有更大的土壤剥蚀率。在坡顶清水引入的地方土壤剥蚀率最大,随着径流中含沙量的增加,土壤剥蚀率开始减小。

　　对路堤边坡冲蚀模型试验的观测发现,坡面未产流时的击溅侵蚀量很小,表面上只能观察到坡面淋湿后被雨点打出的印迹,当路面上汇流的雨水到达路堤边坡顶部后,坡顶土体首先被侵蚀,而且很快就在坡顶附近冲出很短的细沟,并随侵蚀的持续不断加深、加宽和延长。当坡顶细沟发展到长度大约 1m 时,坡面的中下部才开始出现斑状脱落、小凹坑。当上游细沟延长到 2～3m 时,坡脚及下半部才在上部细沟集中水流的冲刷下形成短细沟。侵蚀破坏显示,当坡顶有来水时,坡顶更容易被水冲蚀。路堤边坡与自然斜坡有所不同,自然斜坡的坡顶一般无来流或来流较小,坡面上径流量常是在坡顶最小、坡脚最大,所以自然斜坡降雨侵蚀在坡脚较严重。路面采用散排时,路面汇流的雨水对路堤边坡来说是上游来流,而且高等级公路路幅较宽,汇水面积较大,汇流量也较大,对路肩及坡顶的侵蚀作用很明显。

　　通过对黄土山区公路的现场调查,也可以看到许多路肩没有进行硬化处理时被雨水冲出小豁口的现象,这与试验观察的结果一致。究其原因,路面汇流而来的雨水基本不含泥沙,并具有一定的流速。水流的冲蚀能力,受其本身的含沙量影响。当水流含沙量接近饱和时,水流对坡面的冲蚀能力很小;当水流为清水时,其冲蚀破坏力较大。从水流的挟沙力概念出发,可推断路肩和坡顶附近受路面汇水冲蚀,容易破坏。在边坡长度不长时,因坡长而增加的流量不多,在这种条件下,上述结论都是成立的。

　　研究人员对黄土地区公路路堤边坡冲蚀的研究发现,路面排水采用散排方式

时,土路肩及边坡坡顶会产生较强的暴雨冲蚀,其剥蚀率与水流的含沙率及流量有关。因此公路工程中当路面采取散排方式排水时,路肩应采取防护措施,如路肩的硬化处理、路肩植草等。在坡面防护中,坡顶防护是路堤边坡防护的关键部位。由于黄土地区公路边坡绿化有一定难度,路肩硬化虽然能减少路肩的破坏,但降雨及路面散排来流对坡面其余部分仍产生较大冲蚀,影响坡面稳定。

采用土工格室进行坡面防护就是基于黄土地区的特点提出的。土工格室属柔性防护,其具有各种规格,最初主要用于软土处理及过湿土加固,将土工格室用于坡面防护还是初步尝试。由于气候和土质的原因,黄土边坡很难植草,同时黄土遇水易于分散,降雨侵蚀往往会破坏坡面的完整性。土工格室对坡面黄土起加固作用,格室在坡面上的高度保持不变,降雨侵蚀只能改变格室内黄土的高度,但随着侵蚀的发展,每个格室内的黄土部分流失后,局部坡面减缓,冲沟深度也受格室的限制。显然,格室的规格不同,其减冲作用也不同。本节通过两种规格格室防护及不加格室的冲刷试验对比,研究土工格室防护的作用机理、使用条件及施工方法。

黄土坡面的冲蚀由面蚀和沟蚀两部分构成,格室主要起到减少沟蚀的作用。为减少坡面侵蚀量,可在土工格室防护的基础上进行植物防护,这样既能减小冲蚀细沟的深度,又能显著减少坡面的面蚀,是综合防护的较好方法。植物防护的减蚀作用已被广泛论证并接受,在此不进行讨论。

7.3.2　试验设计与试验方案

1. 模型参数选取

试验中需考虑坡度、坡长、填土干密度、前期含水率、汇水流量、冲刷历时等参数。根据试验的目的各参数选取如下。

1) 坡度

黄土路堤边坡坡度一般为 1∶1.5 和 1∶1.75,模型设计时活动钢槽应可实现这个范围的坡度变化。

2) 坡长

实际中路堤边坡的坡长可能很大,如 20～50m,但实验室内模型长度受场地、试验设备等条件的限制,不能实现模型与原型 1∶1 的试验。事实上,在进行冲蚀试验时,坡面长度也没有必要和原型相同。根据有关研究成果,坡面冲刷随坡长具有周期性变化规律,这个长度周期为 4～5m,这一规律说明可用较小的坡长模拟长边坡。同时,当路面水以集中方式通过拦水带沿急流槽排出时,边坡坡顶没有来流,坡面径流是由坡面上的降雨产生的,径流量沿坡长向下逐渐增加,坡顶的径流量为 0,边坡上部的径流量很小,几乎不能产生冲刷。对公路边坡影响较大的冲刷主要发生在有一定流量的坡面上,因此可通过控制坡顶来流流量,在较小坡长条件下模拟长边坡的冲刷。本节试验模型坡长为 5.4m,能满足坡面冲刷模拟的要求。

3) 填土干密度

目前高等级公路填土要求压实度均大于 90%,为尽量与实际相符,本节试验控制填土压实度为 90%±2%,根据标准击实试验结果,填土干密度控制在 1.71g/cm³。

4) 前期含水率

坡面冲刷与坡面土的前期含水率有很大关系,为减少前期含水率对冲刷的影响,每次试验前将坡面喷湿,尽量保持试验条件的一致性。

5) 汇水流量

根据天水、平凉地区资料计算得该地区 5 年一遇最大 30min 降雨强度为 $q_{5,30}=0.8$mm/min,由降雨历时转换系数可得 $q_{5,10}=1.45$mm/min。

设计径流量计算公式为

$$Q=10^{-3}\Psi C_t q_{5,10}F \tag{7.4}$$

式中:Q 为设计径流量,m³/min;Ψ 为径流系数,沥青混凝土路面取 0.95,水泥混凝土路面取 0.9;$q_{5,10}$ 为 5 年重现期的 10min 降雨强度;C_t 为降雨历时转换系数;F 为计算路段路面汇流面积,m²。

按高速公路半幅路面宽度 11.25m、长 1.5m 计算,取流量为 0.9m³/h、1.5m³/h 作为试验来流流量,相当于甘肃省天水、平凉地区 10 年一遇最大 10min 暴雨和 10 年一遇最大 5min 暴雨,对路堤坡顶来流而言,采用这个频率和时段是恰当的。

6) 冲刷历时

试验冲刷历时应与野外降雨历时一致,例如,采用 10 年一遇最大 10min 暴雨对应的流量时,冲刷历时也应是 10min。但自然界的降雨冲刷是多次降雨累积的结果,每年的侵蚀量是当年所有降雨侵蚀作用的叠加,因此 10min 降雨的侵蚀量不能反映实际情况。为了找出边坡的冲蚀规律,试验中采用的历时较长,本节试验多采用 40min 或 50min,冲蚀过程连续采样,在数据分析时可任意截取一个时间段分析时段侵蚀量或累积侵蚀量。

2. 钢槽设计

根据试验目的和细沟侵蚀原理,模型用钢槽填土,具体尺寸如图 7.3 所示。为实现坡度的调整,设计出可变坡度的活动钢槽。钢槽坡度的调整通过四个手拉葫芦实现,坡度可在 1∶1～1∶2 变化。根据有关研究表明,钢槽长度为 5m 即能满足试验要求,本节试验设计槽长 5.4m。为避免边壁对水流的扰动,宽度取

1.5m,在这个宽度条件下也可进行不同防护的对比试验及坡面薄层水流的水力学试验。槽体上端深 1.2m,下端深 0.6m,以适应坡顶冲刷严重的情况。为保证钢槽的整体刚度,对钢槽进行了全面加固,并在两侧设梯子以方便试验操作。

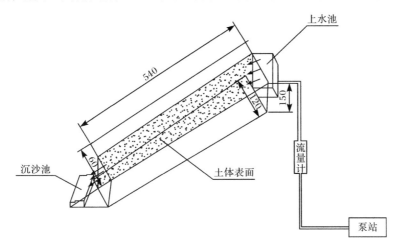

图 7.3　边坡冲刷试验系统简图(单位:cm)

3. 供排水系统设计

根据甘肃省黄土地区的降雨资料,模型设计流量为 0.3~3m³/h,能满足模拟边坡降雨侵蚀的要求。上水系统由水泵、电磁阀、管道、流量计、分散式出水口等组成,流量用浮子流量计控制,精度等级为 2.5。坡顶以一个静水池与坡面相接,能保证水流稳定、均匀地进入坡顶。为减小水流进入坡面时的流速及保证均匀分布,坡顶铺长 20cm 的纱布。

出水口以跌水形式与沉沙池连接,避免了下游水流对坡脚冲蚀的影响,同时也便于在出口处连续取洪水样进行含沙率测量。沉沙池中的浑水经沉淀,用烘干法测定总侵蚀量,用比重法对测量结果进行校正。试验完成后用污水泵将积水排出。

4. 填土设计

本节试验取陕西关中地区马兰黄土,由标准击实试验可得试验黄土最大干密度为 1.92g/cm³,最佳含水率为 14%,分层填筑,分层压实厚度为 15cm,用冲击电夯在略大于最佳含水率时夯实,用体积法控制压实度在 90%±2%。钢槽设计填土厚度为:坡顶 90cm,坡脚 60cm,用超填削坡的方法保证坡面的压实度。

坡面土工格室防护的填土方法:按要求压实度填至距设计坡面 12cm,然后将格室按设计密度固定在土面上,再按土壤含水率计算填土重量,填在格室内,用电夯夯实到设计高度,最后削坡成型。试验模型基本参数见表7.4。

表 7.4　路基边坡侵蚀试验模型基本参数

模型基本尺寸	坡长	5.4m
	宽度	1.5m
	深度	1.2(上端)、0.6(下端)
流量 $Q/(m^3/h)$		0.9、1.5
填土要求		分层填筑,分层压实厚度15cm,压实度为90%±2%
测量参数	时间(t)	精度:1s,秒表
	水流含沙率(e)	比重瓶、温度计、天平、秒表
	细沟深度(h)、细沟宽度(b)	测针、钢尺、照相
	土壤含水率	铝盒、天平、烘箱、干燥器
	细沟平均流速 $v/(m/s)$	示踪剂法

5. 测量参数及量测系统

(1) 测量参数。流量、流速、水温、细沟深度、细沟宽度、沟长、水流含沙率、时间等。

(2) 量测系统。上水流量用小型流量计计量,用体积法校正;流速用示踪剂法测量,在测量过程中需使用高锰酸钾、秒表等;水深及细沟深度用测针和界面仪测量,细沟宽度用钢尺测量;水流含沙率用置换法测量,会使用比重瓶、天平、温度计等,用秒表计时;累积侵蚀量通过水流含沙率、流量及时间换算得到。

(3) 冲刷过程通过现象描述,用照相、录像等方法记录。

6. 试验方案

(1) 根据黄土边坡常用边坡坡度,试验采用两种坡度:1∶1.75、1∶1.5。

(2) 根据实际边坡坡顶汇流情况,取试验流量 Q 为 $0.9m^3/h$、$1.5m^3/h$。

(3) 格室有两种规格:40cm×40cm、80cm×80cm。

本节共进行 12 次试验。为保证试验的准确性,应对部分试验进行重复,具体根据试验情况来确定。在完成此系列试验后,对发现的新问题开展进一步的试验。

(4) 对比试验。由于试验条件很难控制到完全一致,为便于将格室防护与无防护坡面冲刷进行对比,在同一坡面上用隔板分开,统一填土,同时进行防护与无防护两种条件下的冲刷试验。设计钢槽宽度 1.5m,分隔后宽度为 75cm×2cm,能满足坡面冲刷的宽度要求。对比试验考虑两个坡度、两个流量,共进行 4 次试验。试验因素见表 7.5,具体试验安排见表 7.6。

表 7.5　路基边坡侵蚀试验因素

因素	水平	
	①	②
坡度 A	1∶1.5	1∶1.75
流量 B	0.9m³/h	1.5m³/h
格室规格 C	40cm×40cm	80cm×80cm
有无防护 D	有	无

表 7.6　路基边坡侵蚀试验安排

序号	试验编号
1	A①+B①+C①+D①
2	A①+B②+C①+D①
3	A①+B①+C②+D①
4	A①+B②+C②+D①
5	A②+B①+C①+D①
6	A②+B②+C①+D①
7	A②+B①+C②+D①
8	A②+B②+C②+D①
9	A①+B①+D②
10	A①+B②+D②
11	A②+B①+D②
12	A②+B②+D②
对比 1	(A①+B①+C①)+(A①+B①+D②)
对比 2	(A①+B②+C①)+(A①+B②+D②)
对比 3	(A②+B①+C①)+(A②+B①+D②)
对比 4	(A②+B②+C①)+(A②+B②+D②)

7. 试验步骤

(1) 模型安装与调试。

(2) 调节土壤含水率至接近最佳含水率。

(3) 填土。

(4) 试验前的准备工作。

(5) 预备试验。

(6) 放水,开始试验,同时开始测量和记录。

第 2 个试验步骤为:恢复试验条件,重复步骤(2)~步骤(6)。

7.3.3　路基边坡冲蚀过程模拟

沟间侵蚀和细沟侵蚀是坡面土壤侵蚀过程的两种主要方式。以往的坡面侵蚀研究多集中在天然斜坡或耕作农用地方面,关于工程上的陡坡侵蚀研究较少。

1. 无防护黄土坡面的径流冲蚀过程

径流产生初期,水流一般均匀地分布在坡面上,以薄层水流形式流动。这时的冲蚀分布均匀,这种侵蚀称为面蚀。工程边坡在降雨条件下,由于有雨滴的击溅侵蚀,面蚀或沟间侵蚀是始终存在的。在仅研究径流沟蚀时,以来流条件控制水流,由于坡面经过修整而较平整,面蚀主要发生在放水约 3min 期间。此时的水流在坡顶由于是受人为控制的,在宽度上均匀分布,在坡面上由于坡面经过修整也均匀分布。但坡面的平整是相对的,坡面总会有较小的凹凸不平,水流在坡面的小坑处产生涡旋,在凸起的地方产生绕流,水流的流速、水深等水力要素必然在坡面各个局部出现差异。同时坡面土的结构、密度、含水率甚至成分都存在不均匀性,即坡面的抗蚀性存在不均匀性。这两个方面的因素导致坡面在局部首先出现冲蚀小坑、陡坎,小坑沿水流方向向上和向下发展。坡面上的冲蚀小坑槽发展的结果是上下坑槽连接贯通,形成冲蚀纹沟。纹沟不断加深、加宽,几个纹沟合并,水流也越来越集中,坡面侵蚀则以沟蚀为主,侵蚀强度和侵蚀量取决于细沟侵蚀。

细沟侵蚀是指坡面径流汇集成股流,沿坡面下泻过程中分散、分离及输移土壤的过程。细沟侵蚀不同于面状侵蚀,其发生机理与面状侵蚀有很大区别。细沟流分散土壤的强度受雨滴打击的影响很小,主要由细沟中的水流特征决定。正因为如此,本节试验才可用放水冲刷研究坡面的降雨侵蚀。

试验中发现,坡顶首先形成冲蚀细沟,冲蚀在坡顶最大、坡脚最小。这与前面原理分析中的理论完全一致。试验中,坡面最上部的细沟侵蚀量随流量、坡度的增加呈递增趋势,这可能一是由于流量的增加,径流从出口处就具有较大的能量,因此其起动泥沙颗粒的数量也比径流量较小时多;二是坡度增大后,细沟内水流的流速与水流能量梯度均增加,水流势能的释放时间减少,单位水流动力增大,动能增加,冲蚀力增强,加大了细沟侵蚀量和侵蚀程度,因而导致坡面最上部的侵蚀量较大,且随着坡度、流量的增大,这种现象尤为明显。与此相对应的是,坡面最下部的细沟侵蚀量却随流量的增加呈减少趋势。

由于坡陡,水流比降大,径流的输沙能力较大,坡面侵蚀输沙为非饱和非平衡输沙过程,即径流下泻过程冲刷剥蚀的泥沙都能被挟带下移。此过程中径流产沙量的大小一方面取决于径流侵蚀力的强弱;另一方面也与地面物质的补给能力有关,细沟侵蚀过程中这两个方面因素的消长变化及其组合决定了径流产沙量的变化特征。根据已有的研究结果,径流侵蚀力大小主要取决于剪切力,其大小由径流量和坡度决定。地面物质的补给能力主要由土壤的性质及泥沙颗粒的运动特性决定。在试验开始的最初阶段,由于土壤表面疏松,地面物质补给能力很强,产沙量主要取决于径流侵蚀力大小。细沟流冲刷分散土壤的能力随流量和坡度的增大而增大,含沙量也就随流量和坡度的增大而不断增大。在细沟形成后的发展阶段,由于沟槽形成,地面物质补给减少,与径流侵蚀力相比,此时含沙量大小受地面物质补给能力大小的影响更大。由于坡度的大小通过重力作用影响泥沙颗粒的运动特性,特别是泥沙颗粒的起动,从而影响地面物质补给能力。因此,径流产沙量随流量的变化减弱,而主要受坡度大小的影响,但此时由于细沟演化过程中的随机性增加,规律性减弱。当细沟发展持续一段时间后,其形态基本接近均衡状态,地面物质补给能力减小,尽管径流侵蚀力随流量略有增加,径流产沙量却减小,而且与流量及坡度之间的关系减小。

虽然径流冲刷试验不能真正反映野外实际产沙量的绝对大小,但可以通过分析各因子之间的相互关系探讨径流产沙的一般规律。根据泥沙分散与搬运相匹配的原理,细沟中水流侵蚀分散率正比于水流挟沙能力与水流含沙量的差。水流挟沙能力又与径流速度成正比。因此,径流速度和水流含沙量决定着水流在坡面上分散土壤的能力。对同一种土壤而言,径流速度主要取决于流量及坡面坡度。坡面坡度也通过水流和土粒的重力分量来影响径流侵蚀力及泥沙的输移特征。因此流量和坡度通过影响径流速度和含沙量,共同决定了冲蚀量的大小。

2. 土工格室防护的边坡径流冲蚀过程

在冲蚀初期,冲蚀方式以面蚀为主,水流均匀,坡面基本无沟蚀现象。此时,格室的各边基本与坡面齐平,还显示不出土工格室的抗冲作用。这一阶段的冲蚀特征与无防护条件相同。

随着冲蚀的发展,土工格室的作用开始显现。首先是土工格室表面比较光滑,与土工格室接触的土更容易发生分离、破坏。水流总是沿着能耗最小的路径流动,在径流作用下,冲蚀纹沟多沿土工格室边壁发生和发展。由于土工格室的边壁呈"之"字形分布,冲蚀纹沟或细沟也首先呈"之"字形,因此水流的流程增加了,在坡面上的平均流速有所减小。

上述细沟首先以下切侵蚀为主,形成窄而深的细沟,格室内的土呈菱形土块,边界是细沟。细沟中水流对土起着浸润作用,菱形土块的强度逐渐降低。

当最大细沟深度约为5cm时,水流侧蚀明显,细沟底部扩宽,使细沟两侧的土呈直立或悬空状态,此时由于浸水土块很容易发生坍塌(塌岸)。当土工格室内的菱形土块塌落、分散和被水流带走后,每一个小格下沿就是一个跌坎,径流以跌水的形式进入下一个小格内,整个坡面就像是由多级跌坎组成。此时土工格室的作用有两个:一是限制了细沟的发展宽度、深度和长度;二是每个小格内的微地形坡度减缓,水流在每个小格通过跌水和小水跃消能。由于坡面上土工格室均匀分布,侵蚀的产生和发展沿路线方向较均匀,不像无防护时的冲刷那样集中。

7.3.4　试验结果分析

为研究边坡冲蚀各影响因素的情况,数据处理时分为四个方面进行对比,即坡度对冲蚀的影响、流量对冲蚀的影响、有无土工格室对冲蚀的影响和土工格室规格对冲蚀的影响。

数据的对比主要是水流含沙率 e 及累积冲蚀量 S_m,由于取样时是按等时距取样(1min 或 2min),在计算累积冲蚀量时,水流含沙率采用前后两次水流含沙率的平均值。计算公式分别为

$$e_i = \frac{\rho_s}{(\rho_s - \rho_w)V}(w_2 - w_1) \qquad (7.5)$$

$$S_m = \sum_{i=1}^{n} \overline{e_i} \times \frac{q}{1000} \times t_i \qquad (7.6)$$

式中: e_i 为第 i 时段的水流含沙率,g/cm^3; V 为量瓶的体积,试验采用 250mL; ρ_s 为土的颗粒密度,取 2.71g/cm^3; ρ_w 为水的密度; w_2 为瓶+水+土的质量,g; w_1 为瓶+水的质量,g; S_m 为第 n 分钟的累积冲蚀量,kg; $\overline{e_i}$ 为第 i 时段的水流平均含沙率,其中 $\overline{e_1} = e_1$, $\overline{e_i} = \dfrac{e_i + e_{i-1}}{2}$; q 为流量的大小,此处取 1.5m 宽度流量,cm^3/min; t_i 为第 i 时段,min。

一般来讲,含沙率的变化比较大,这是因为可能在某一时刻局部存在小的坍塌,造成含沙率瞬间变大,但整体趋势是比较一致的。在比较时累积冲蚀量是一个比较稳定的值,效果较好。

1. 坡度对冲蚀的影响

坡度对冲蚀的影响主要表现在能量的变化对冲蚀的影响。一般来讲,坡度越陡,能量越大,水流的泥沙搬运能力越强。

本节试验采用黄土地区公路路堤常用的两种坡度,即 1 : 1.5 和 1 : 1.75。试验结果如表 7.7、表 7.8 及图 7.4～图 7.7 所示。

在试验开始的前几分钟,累积冲蚀量并没有明显地与坡度成正比,例如,前10min 流量为 0.9m^3/h 时,坡度 1 : 1.75 和坡度 1 : 1.5 的累积冲蚀量分别为61.8602kg 和 51.2539kg,而流量为 1.5m^3/h 时,坡度 1 : 1.75 和坡度 1 : 1.5 的累积冲蚀量分别为 93.4359kg 和 100.8847kg。这主要是由于试验开始时的条件

不一样,坡面的平整度、土壤含水率、浮土数量等存在细微差别,造成水流的冲蚀力和土的抗蚀性都可能不一致,冲刷开始几分钟规律性不强。但随着冲蚀时间的延长,坡面条件会逐渐趋于一致,结果趋于正常,这一点可以从表7.8中10min之后的数据得到证明。应该说,10min之后的数据对于坡度对冲蚀的影响更有说服力。因此在试验时需注意坡面前期条件的一致性。

表7.7　不同坡度部分试验数据

时间 /min	坡度 1∶1.5				坡度 1∶1.75			
	流量 0.9m³/h		流量 1.5m³/h		流量 0.9m³/h		流量 1.5m³/h	
	水流含沙率 /(g/cm³)	累积冲蚀量/kg	水流含沙率 /(g/cm³)	累积冲蚀量/kg	水流含沙率 /(g/cm³)	累积冲蚀量/kg	水流含沙率 /(g/cm³)	累积冲蚀量/kg
1	0.273	4.0881	0.360	9.0053	0.408	6.1274	0.432	10.8000
2	0.306	8.4288	0.391	18.3918	0.384	12.0738	0.316	20.1468
3	0.297	12.9552	0.496	29.4697	0.352	17.5961	0.374	28.7629
4	0.362	17.9010	0.459	41.3974	0.357	22.9135	0.373	38.0938
5	0.375	23.4281	0.415	52.3165	0.422	28.7598	0.416	47.9568
6	0.396	29.2076	0.448	63.1006	0.454	35.3351	0.421	58.4153
7	0.376	34.9968	0.344	72.9953	0.358	41.4291	0.384	68.4768
8	0.383	40.6906	0.461	83.0488	0.466	47.6137	0.340	77.5297
9	0.334	46.0699	0.309	92.6656	0.481	54.7179	0.331	85.9156
10	0.357	51.2539	0.349	100.8847	0.471	61.8602	0.271	93.4359
11	0.351	56.5618	0.415	110.4379	0.412	68.4831	0.337	101.0276
12	0.390	62.1175	0.557	122.5959	0.377	74.4009	0.375	109.9297
13	0.329	67.5111	0.440	135.0556	0.370	80.0089	0.375	119.3082
14	0.381	72.8333	0.381	145.3076	0.389	85.7075	0.361	128.5041
15	0.433	78.9369	0.412	155.2182	0.374	91.4299	0.281	136.5247
16	0.431	85.4216	0.415	165.5656	0.297	96.4615	0.283	143.5685
17	0.419	91.7968	0.435	176.1909	0.280	100.7926	0.513	153.5109
18	0.435	98.1958	0.366	186.1968	0.263	104.8664	0.550	166.7965
19	0.435	104.7139	0.410	195.8929	0.272	108.8783	0.467	179.5103
20	0.362	110.6889	0.396	205.9703	0.381	113.7716	0.419	190.5882
21	0.400	116.4018	0.353	215.3409	0.232	118.3648	0.414	200.9991
22	0.348	122.0051	0.300	223.5044	0.247	121.9574	0.360	210.6715
23	0.306	126.9079	0.322	231.2788	0.437	127.0890	0.165	217.2388

时间 /min	坡度 1∶1.5				坡度 1∶1.75			
	流量 0.9m³/h		流量 1.5m³/h		流量 0.9m³/h		流量 1.5m³/h	
	水流含沙率 /(g/cm³)	累积冲蚀 量/kg	水流含沙率 /(g/cm³)	累积冲蚀 量/kg	水流含沙率 /(g/cm³)	累积冲蚀 量/kg	水流含沙率 /(g/cm³)	累积冲蚀 量/kg
24	0.315	131.5678	0.345	239.6171	0.267	132.3683	0.219	222.0432
25	0.437	137.2092	0.338	248.1538	0.300	136.6232	0.215	227.4750
26	0.458	143.9227	0.311	256.2618	0.236	140.6494	0.292	233.8121
27	0.343	149.9310	0.340	264.3935	0.269	144.4373	0.359	241.9438
28	0.295	154.7148	0.359	273.1288	0.257	148.3825	0.283	249.9724
29	0.252	158.8172	0.278	281.0859	0.221	151.9703	0.144	255.3088
30	0.357	163.3865	0.347	288.8921	0.284	155.7582	0.138	258.8347
31	0.253	167.9654	0.320	297.2303	0.272	159.9274	0.211	263.2024
32	0.241	171.6724	0.213	303.8929	0.222	163.6295	0.234	268.7612
33	0.294	175.6842	0.309	310.4126	0.246	167.1411	0.228	274.5344
34	0.429	181.1065	0.255	317.4565	0.275	171.0529	0.159	279.3785
35	0.482	187.9391	0.363	325.1832	0.216	174.7361	0.189	283.7303
36	0.456	194.9718	0.407	334.8159	0.227	178.0571	0.140	287.8438
37	0.299	200.6322	0.262	343.1779	0.229	181.4734	0.213	292.2671
38	0.435	206.1355	0.252	349.5944	0.224	184.8658	0.211	297.5718
39	0.355	212.0580	0.311	356.6303	0.186	187.9343	0.255	303.3926
40	0.336	217.2420	0.292	364.1744	0.209	190.8932	0.287	310.1665
平均值	0.363	—	0.363	—	0.316	—	0.308	—

表7.8　各时段的累积冲蚀量　　　　　　　（单位:kg）

时段/min	流量 0.9m³/h		流量 1.5m³/h	
	坡度 1∶1.75	坡度 1∶1.5	坡度 1∶1.75	坡度 1∶1.5
1~10	61.8602	51.2539	93.4359	100.8847
11~20	51.9114	59.4350	97.1523	105.0856
21~30	41.9866	52.6976	68.2465	82.9218
31~40	35.1350	53.8555	51.3318	75.2823

2. 流量对冲蚀的影响

流量对冲蚀的作用是很明显的,流量增大会导致累积冲蚀量的增加。这是因

为累积冲蚀量与水流含沙率和流量成正比,当水流含沙率一定时,流量的增大就

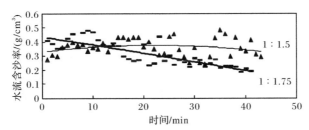

图 7.4　流量 0.9m³/h 时不同坡度的水流含沙率随时间的变化关系

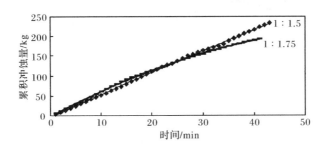

图 7.5　流量 0.9m³/h 时不同坡度的累积冲蚀量随时间的变化关系

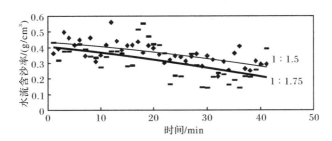

图 7.6　流量 1.5m³/h 时不同坡度的水流含沙率随时间的变化关系

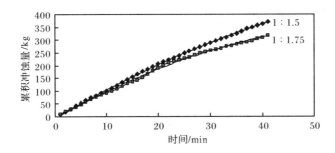

图 7.7　流量 1.5m³/h 时不同坡度的累积冲蚀量随时间的变化关系

会明显增大累积冲蚀量。从表7.7和表7.8中可以看出,随着流量的增大,累积冲蚀量明显增大。

1) 连续冲蚀

在试验时,主要采用0.9m³/h及1.5m³/h两种流量,换算流量相当于甘肃省黄土山区10年一遇10min及10年一遇5min的流量,对于黄土路堤边坡,可以满足要求。试验时主要采用40min连续冲刷。试验部分结果如表7.7及图7.8~图7.11所示。

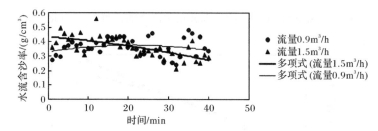

图7.8　坡度1∶1.5时不同流量的水流含沙率随时间的变化关系

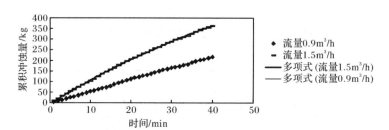

图7.9　坡度1∶1.5时不同流量的累积冲蚀量随时间的变化关系

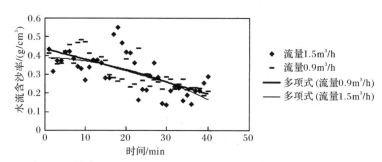

图7.10　坡度1∶1.75时不同流量的水流含沙率随时间的变化关系

值得说明的是,水流含沙率并没有随着流量的增加而增加,反而是随着流量的增加而可能减小。原因是径流侵蚀量由水流冲蚀能力和坡面供沙能力共同决定,当流量较小时,坡面供沙能力相对较强,水流含沙率较大;当流量较大时,冲蚀

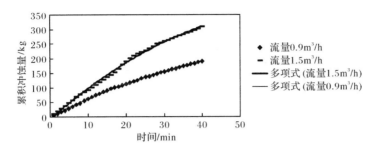

图 7.11　坡度 1 : 1.75 时不同流量的累积冲蚀量随时间的变化关系

量主要受坡面的供沙量控制,也就是说,当供沙量小于水流的挟沙能力时,水流含沙率受坡面供沙影响。

2) 间断冲蚀

除了连续冲蚀外,还做了一部分间断冲蚀的试验,每次冲蚀 20min,间隔约 6h。试验结果发现,每次重新冲刷时都会出现泥流的现象。由于重新冲刷时坡面处于接近饱和状态,表层的抗剪强度很小,放水时表层的土以泥流形式下泻,这时的水流含沙率较高,冲蚀量也较大。因此在流量及总的冲蚀时间一样时,连续冲蚀的冲蚀量要比间断冲蚀的冲蚀量小。正是考虑到这一点,试验时取的流量比公路要求的要高一些。

3. 土工格室防护的工程作用

1) 土工格室规格及性能

本节试验采用 40cm×40cm 和 80cm×80cm 两种规格的土工格室,格室高度为 10cm,是中国石化燕山石化公司生产的,测定使用期限为 40 年,对于公路工程,已经远远超过标准,如果推广应用的话,可以使用稍差的材料,造价将会更低。另外,格室可以根据需要加工为任意尺寸,整体性能好,施工方便。

2) 土工格室对冲蚀的影响

由于考虑到很难使两次试验的条件完全一致(如含水率、压实度、坡面平整程度及水流的大小等),故采用了对比试验的方式。具体实施方法是在做一次冲刷试验时将边坡分为两半,一半是加格室的边坡,而另一半是土边坡,中间用隔水材料隔开,由于采用的土和压实次数一样,试验的时间也一样,易于达到对比条件。试验效果比较明显,试验结果如图 7.12～图 7.19 所示。

从试验结果可以看出,加土工格室后的累积冲蚀量普遍下降,说明格室起到了一定的防止冲蚀的作用。这一点在实际的工程中也可以看到。

为了研究土工格室对累积冲蚀量所起的作用,在这里引入冲蚀降低率的概念,用以表述加格室引起的累积冲蚀量的减少情况,公式如下:

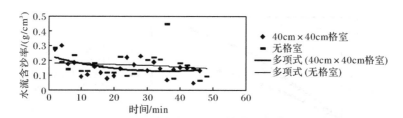

图 7.12　坡度 1∶1.5、流量 0.9m³/h 时有无格室的水流含沙率对比

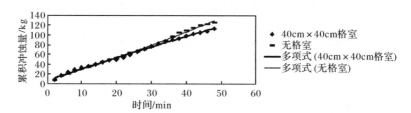

图 7.13　坡度 1∶1.5、流量 0.9m³/h 时有无格室的累积冲蚀量对比

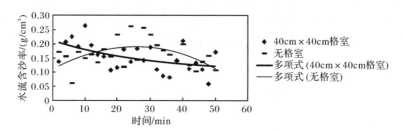

图 7.14　坡度 1∶1.5、流量 1.5m³/h 时有无格室的水流含沙率对比

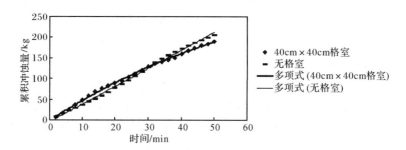

图 7.15　坡度 1∶1.5、流量 1.5m³/h 时有无格室的累积冲蚀量对比

$$冲蚀降低率=\frac{某时段无格室累积冲蚀量-某时段有格室累积冲蚀量}{某时段无格室累积冲蚀量}\times100\%$$

各时段有无格室累积冲蚀量及冲蚀降低率计算结果见表 7.9。

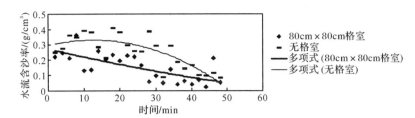

图 7.16　坡度 1∶1.75、流量 0.9m³/h 时有无格室的水流含沙率对比

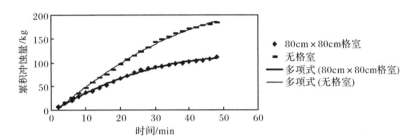

图 7.17　坡度 1∶1.75、流量 0.9m³/h 时有无格室的累积冲蚀量对比

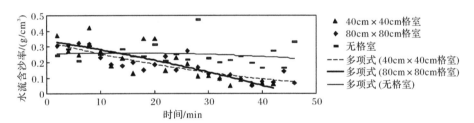

图 7.18　坡度 1∶1.75、流量 1.5m³/h 时有无格室的水流含沙率对比

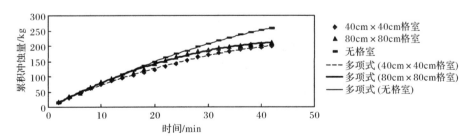

图 7.19　坡度 1∶1.75、流量 1.5m³/h 时有无格室的累积冲蚀量对比

表 7.9　各时段有无格室累积冲蚀量及冲蚀降低率

试验类型		累积冲蚀量/kg			
		1～10min	11～20min	21～30min	31～40min
坡度 1：1.5 流量 0.9m³/h	40cm×40cm 格室	33.715	16.743	16.454	20.888
	无格室	31.580	21.346	21.870	34.487
	冲蚀降低率/%	−6.760	21.564	24.765	39.432
坡度 1：1.5 流量 1.5m³/h	40cm×40cm 格室	47.981	40.531	39.833	30.860
	无格室	36.085	41.167	50.585	44.439
	冲蚀降低率/%	−32.967	1.545	21.255	30.556
坡度 1：1.75 流量 1.5m³/h	40cm×40cm 格室	76.045	46.471	49.696	23.204
	无格室	63.990	65.531	71.089	52.221
	冲蚀降低率/%	−18.839	29.085	30.093	55.566
	80cm×80cm 格室	81.683	60.019	45.821	20.091
	无格室	77.665	72.090	57.811	43.423
	冲蚀降低率/%	−5.174	16.744	20.740	53.732
坡度 1：1.75 流量 0.9m³/h	80cm×80cm 格室	36.278	29.732	24.558	10.920
	无格室	46.637	50.134	45.951	28.321
	冲蚀降低率/%	22.212	40.695	46.556	61.442
平均值		−8.206	21.927	28.682	48.146

　　在对数据进行处理后,可见随着时间的延长,加土工格室所起的作用越来越大,并可近似用平均冲蚀降低率公式:$\overline{S_{rn}}=15.606t−21.399$ 进行估计,其中 t 表示时段,如图 7.20 所示。之所以会出现随着时间的增长,平均冲蚀降低率增大的现象,是因为随着时间的增加,水流会由原来的近似直线变成沿着格室边界流动,格室对水流的消能作用越来越明显,如图 7.21 所示。

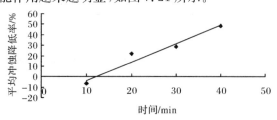

图 7.20　平均冲蚀降低率随时段变化关系

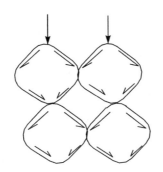

图 7.21　土工格室中的水流改向

3）土工格室对路堤边坡稳定性的影响

土工格室对路堤边坡稳定性的影响主要表现在对冲沟的影响。在没有加格室时,水流的冲蚀会形成连续的冲沟,并将路面下部的路基掏空,继而造成路面的坍塌。在试验时,加格室的坡面不会形成连续的冲沟,冲刷的深度一般不超过格室的高度,不会对路堤边坡稳定造成影响;而没有加格室的坡面会形成连续的冲沟,冲沟上宽下窄,深度可以达到 20~30cm,使边坡不完整,对路堤边坡稳定性会造成影响。

4. 土工格室规格对冲蚀的影响

试验采用了两种规格的土工格室,即 40cm×40cm 和 80cm×80cm 格室,当然从造价上来看,网格越大,价格越低。试验表明,40cm×40cm 格室比 80cm×80cm 格室效果好,如图 7.18 和图 7.19 所示。由表 7.9 可以看出,除了前面 10min 40cm×40cm 格室的冲蚀降低率小于 80cm×80cm 格室的外,其他都大,这与实际情况是一致的。因为格室越小,水流流经的路径越长,能量消耗越大,对土的冲蚀越小。应该说,11~30min 时段中格室规格的影响明显,一般情况下 1~10min 和 31~40min 的结果变化不大,这是因为 1~10min 水流主要在坡面流动,受格室的影响比较小,而随着冲蚀的发展,冲蚀形状趋于稳定,数值变化也就不大。

7.4　路基边坡防护数值模拟

7.4.1　数值模拟软件

1. 概述

有限单元法作为一种有效的数值计算方法,在结构分析中得到了广泛的应用。有限单元法产生于 20 世纪中叶,主要是为了分析复杂的结构系统而发展起来的。随着计算机技术和计算方法的发展,这一技术通过数学关系延伸发展到其他领域,如流体力学、热力学、气体动力学等,已经成为计算力学和计算工程科学领域中最有效的计算方法。有限单元法的突出优点是适于处理非线性、非均质和复杂边界条件等问题,而土体的应力和变形分析即具有典型的非线性、复杂边界等特点。因此,自从 1966 年美国的 Clough 和 Woodward 首先利用有限单元法分析土坝的受力变形问题以来,有限单元法在岩土工程中的应用迅速发展,本节利用大型有限元软件 MARC 对路基边坡防护问题进行建模计算。

MARC 是国际上通用的最先进的非线性有限元分析软件,由 MARC 公司进行开发和销售。MARC 产生于 20 世纪 70 年代,至今已发展成为功能强大、界面友好的有限元软件系统。它拥有丰富和完善的单元库、材料模型库和求解器,保证其能够高效地求解各类结构的静力和动力、线性与高度非线性、稳态与瞬态热分析及热-结构耦合问题、电磁场问题、流体力学问题等。自 20 世纪 90 年代进入我国以来,在我国的航空航天、核工业、铁路运输、石油化工、能源、汽车、电子、土木工程、生物医学、地质等领域得到广泛应用,为各领域的产品设计和科学研究作出了贡献。

MARC 是基于位移法的有限元程序,在非线性方面具有强大的功能。程序按模块化编程,工作空间可根据计算机内存大小自动调整。MARC 对于非线性问题采用增量解法,在各增量步内对非线性代数方程组进行迭代以满足收敛判定条件。MARC 单元刚度矩阵采用数值积分法生成。连续体单元及梁、板、壳单元的面内区域采用高斯积分法,而梁、板、壳单元厚度方向则采用任意奇数个点的 Simpson 积分法,应变-位移函数根据高斯点来评价。MARC 程序的单元库提供了近 160 种单元,如平面应力单元、平面应变单元、三维实体单元、三维杆单元、不可压缩单元等,分析中可自由选择单元数和单元类型,不同类型单元可组合使用。MARC 程序的功能库包括对分析目标进行准确模拟、快速生成输入数据、准确高效进行分析,以及多种结果输出等。MARC 程序的分析库包括多种分析类型,如线性分析、弹塑性分析、大变形分析等,用户根据具体情况和需要进行选择运用。MARC 材料库包括 30 多种材料的本构模型,如弹性、塑性、蠕变、黏弹性等,可以考虑材料的线性和多种非线性材料特性的温度相关性、各向异性等。另外,MARC 程序拥有许多对用户开放的子程序,用户可根据需要用 FORTRAN 语言编制用户子程序,实现对输入数据的修改、材料本构关系的定义、荷载条件、边界条件、约束条件的变更,甚至扩展 MARC 程序的功能。

2. 数值计算技术

1) 弹塑性矩阵

对于弹性材料,根据胡克定律,材料的应力-应变关系可表达为

$$\{\sigma\} = [D]\{\varepsilon\} \tag{7.7}$$

其增量形式为

$$\{\Delta\sigma\} = [D]\{\Delta\varepsilon\} \tag{7.8a}$$

或者写成

$$\{\Delta\varepsilon\} = [C]\{\Delta\sigma\} \tag{7.8b}$$

式中：$[D]$ 为刚度矩阵；$[C]$ 为柔度矩阵。

由虚功原理可建立单元体的节点力与单元体的节点位移之间的关系,从而得出总体平衡方程：

$$[K]\{\delta\} = \{R\} \tag{7.9}$$

式中：$[K]$、$\{\delta\}$ 和 $\{R\}$ 分别为劲度矩阵、节点位移向量和节点荷载向量。

将荷载作用于节点,通过式(7.9)得到位移,从而求出应力与应变。由于材料的非线性,反映到刚度矩阵 $[D]$ 就不是常量,而是随应力或应变而改变,则由此推出的劲度矩阵 $[K]$ 也是随应力或应变而改变。

弹塑性的应力-应变关系式就是用弹塑性刚度矩阵 $[D_{ep}]$ 和弹塑性柔度矩阵 $[C_{ep}]$ 来代替式(7.7)和式(7.8)中的 $[D]$ 和 $[C]$,则弹塑性材料的应力-应变关系可表达为

$$\{d\sigma\} = [D_{ep}]\{d\varepsilon\} \tag{7.10}$$

其中

$$\{d\varepsilon\} = \{d\varepsilon^e\} + \{d\varepsilon^p\} \tag{7.11}$$

则可得到

$$\{d\sigma\} = [D]\{d\varepsilon\} - [D]\{d\varepsilon^p\} \tag{7.12}$$

由弹性应力-应变关系可知,$\{d\sigma\} = [D]\{d\varepsilon^e\}$,而塑性应力-应变关系则从屈服准则和硬化规律中导出。对屈服准则 $f(\sigma_{ij}) = F(H)$ 两边微分得到

$$\left\{\frac{\partial f(\sigma)}{\partial \sigma}\right\}^{\mathrm{T}}\{d\sigma\} = F'\left\{\frac{\partial H}{\partial \varepsilon^p}\right\}^{\mathrm{T}}\{d\varepsilon^p\} \tag{7.13}$$

式中：$F' = \dfrac{\mathrm{d}F}{\mathrm{d}H}$。

式(7.13)给出了 $\{d\sigma\}$ 和 $\{d\varepsilon^p\}$ 之间的函数关系,利用流动准则给出各塑性应变增量之间的比例关系,从而确定塑性应变增量各分量。将式(7.12)代入式(7.13),整理后得到

$$\left\{\frac{\partial f(\sigma)}{\partial \sigma}\right\}^{\mathrm{T}}[D]\{d\varepsilon\} = \left(F'\left\{\frac{\partial H}{\partial \varepsilon^p}\right\}^{\mathrm{T}} + \left\{\frac{\partial f(\sigma)}{\partial \sigma}\right\}^{\mathrm{T}}[D]\right)\{d\varepsilon^p\} \tag{7.14}$$

将流动准则 $\{d\varepsilon^p\} = d\lambda\left\{\dfrac{\partial g(\sigma)}{\partial \sigma}\right\}$ 代入式(7.14)得到

$$\left\{\frac{\partial f(\sigma)}{\partial \sigma}\right\}^{\mathrm{T}}[D]\{d\varepsilon\} = d\lambda\left(F'\left\{\frac{\partial H}{\partial \varepsilon^p}\right\}^{\mathrm{T}} + \left\{\frac{\partial f(\sigma)}{\partial \sigma}\right\}^{\mathrm{T}}[D]\right)\left\{\frac{\partial g(\sigma)}{\partial \sigma}\right\} \tag{7.15}$$

则

$$d\lambda = \frac{\left\{\dfrac{\partial f(\sigma)}{\partial \sigma}\right\}^{T}[D]\{d\varepsilon\}}{\left(F'\left\{\dfrac{\partial H}{\partial \varepsilon^{p}}\right\}^{T} + \left\{\dfrac{\partial f(\sigma)}{\partial \sigma}\right\}^{T}[D]\right)\left\{\dfrac{\partial g(\sigma)}{\partial \sigma}\right\}} \tag{7.16}$$

将式(7.16)代入流动准则公式,则有

$$\{d\varepsilon^{p}\} = d\lambda\left\{\frac{\partial g}{\partial \sigma}\right\} = \frac{\left\{\dfrac{\partial g(\sigma)}{\partial \sigma}\right\}\left\{\dfrac{\partial f(\sigma)}{\partial \sigma}\right\}^{T}[D]}{\left(F'\left\{\dfrac{\partial H}{\partial \varepsilon^{p}}\right\}^{T} + \left\{\dfrac{\partial f(\sigma)}{\partial \sigma}\right\}^{T}[D]\right)\left\{\dfrac{\partial g(\sigma)}{\partial \sigma}\right\}}\{d\varepsilon\} \tag{7.17}$$

式(7.17)给出了塑性应变增量各分量与总的应变增量各分量之间的对应关系,将其代入式(7.12),就得到式(7.10),其中:

$$[D_{ep}] = [D] - \frac{[D]\left\{\dfrac{\partial g(\sigma)}{\partial \sigma}\right\}\left\{\dfrac{\partial f(\sigma)}{\partial \sigma}\right\}^{T}[D]}{A + \left\{\dfrac{\partial f(\sigma)}{\partial \sigma}\right\}^{T}[D]\left\{\dfrac{\partial g(\sigma)}{\partial \sigma}\right\}} \tag{7.18}$$

式中:$A = F'\left\{\dfrac{\partial H}{\partial \varepsilon^{p}}\right\}^{T}\left\{\dfrac{\partial g(\sigma)}{\partial \sigma}\right\}$,$A$ 是反映硬化特性的一个变量,与硬化参数 H 的选择有关。硬化参数可以有多种表示形式,通常采用单元所经历的塑性功 W_{p} 或塑性剪应变 γ_{p} 的函数来表示。

另外,如果将流动准则 $\{d\varepsilon^{p}\} = d\lambda\left\{\dfrac{\partial g}{\partial \sigma}\right\}$ 代入式(7.13),可得到 $d\lambda$ 的另一个表达形式:

$$d\lambda = \frac{\left\{\dfrac{\partial f(\sigma)}{\partial \sigma}\right\}^{T}\{d\sigma\}}{F'\left\{\dfrac{\partial H}{\partial \varepsilon^{p}}\right\}^{T}\left\{\dfrac{\partial g(\sigma)}{\partial \sigma}\right\}} = \frac{\left\{\dfrac{\partial f(\sigma)}{\partial \sigma}\right\}^{T}\{d\sigma\}}{A} \tag{7.19}$$

将式(7.19)代入流动准则公式得到

$$\{d\varepsilon^{p}\} = d\lambda\left\{\frac{\partial g}{\partial \sigma}\right\} = \frac{\left\{\dfrac{\partial g(\sigma)}{\partial \sigma}\right\}\left\{\dfrac{\partial f(\sigma)}{\partial \sigma}\right\}^{T}}{A}\{d\sigma\} \tag{7.20}$$

令

$$[C_{p}] = \frac{\left\{\dfrac{\partial g(\sigma)}{\partial \sigma}\right\}\left\{\dfrac{\partial f(\sigma)}{\partial \sigma}\right\}^{T}}{A} \tag{7.21}$$

式中:$[C_{p}]$ 称为塑性变形柔度矩阵。

弹塑性柔度矩阵为

$$[C_{ep}]=[C_e]+[C_p]=[D]^{-1}+\frac{\left\{\dfrac{\partial g(\sigma)}{\partial \sigma}\right\}\left\{\dfrac{\partial f(\sigma)}{\partial \sigma}\right\}^{\mathrm{T}}}{A} \tag{7.22}$$

相比$[D_{ep}]$，由于$[C_{ep}]$的形式及推导过程都较简单，在有限元计算中往往通过对$[C_{ep}]$求逆的方法来得到$[D_{ep}]$。

2）单元的使用及数值积分

MARC 程序采用右手坐标系，常用的有直角坐标系(x,y,z)和圆柱坐标系(z,r,θ)，各种单元采用的坐标分量及顺序也不相同；对于二维连续体，单元节点编号按逆时针进行，对于三维连续体，从单元内部看基准面，节点编号也为逆时针顺序；每个单元的自由度由具体的单元类型决定；除不可压缩单元及接触摩擦单元外，MARC 程序的单元采用位移法。另外，在 MARC 程序中，等参四边形单元可以退化为三角形单元，三维实体单元可以退化为五面体、四面体单元。

除三维剪切板单元外，单元的等效节点力、刚度矩阵、质量矩阵和弹性地基支撑等均用数值积分生成。对于数值积分法，连续体单元及壳、板、梁单元面内均采用 Gauss 积分，而壳、板、梁单元的厚度方向采用 Simpson 积分。刚度矩阵用数值积分生成，即

$$\int_v B^{\mathrm{T}}DB\,\mathrm{d}v = \sum_i B_i D_i B_i J_i W_i \tag{7.23}$$

式中：i为数值积分编号；B_i、D_i分别为第i点的应变-节点位移函数、应力-应变函数；W_i为各积分点位置的权；J_i为i点实空间与积分空间的变换。

Gauss 积分点的位置取决于单元类型和积分点的数量。壳、板、梁等屈服单元的应力-应变函数D_i沿厚度方向采用 Simpson 积分，其积分点的间隔是一定的，沿厚度分成奇数层积分点，MARC 程序隐含为五层。

3. 材料本构模型

在弹塑性模型的分析中，把总应变分成弹性应变和塑性应变两部分，弹性应变用胡克定律计算，塑性应变由塑性理论求解。对于塑性应变做三个方面的假设：破坏准则和屈服准则、硬化规律、流动法则。本节选用适用于土性材料的 Mohr-Coulomb 屈服准则。Mohr-Coulomb 屈服准则分为两类，分别是线性Mohr-Coulomb 屈服准则和抛物线形 Mohr-Coulomb 屈服准则。

线性 Mohr-Coulomb 屈服函数与线性 Drucker-Prager 偏应力屈服函数为线性 Drucker-Prager 屈服函数。线性 Mohr-Coulomb 材料在平面应变条件下的屈服面如图 7.22 所示。

假设屈服应力是静水压力的线性函数，其屈服函数 F_w 的表达式为

$$F_w=\alpha I_1+\sqrt{J_2}-\frac{\bar{\sigma}}{\sqrt{3}} \tag{7.24}$$

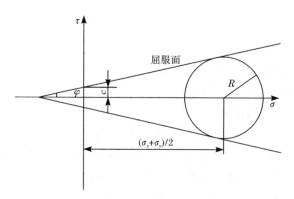

图 7.22　线性 Mohr-Coulomb 材料在平面应变条件下的屈服面

式中: I_1 为应力张量第一不变量, $I_1 = \sigma_{ii}$; J_2 为应力偏量第二不变量, $J_2 = \dfrac{1}{2}\sigma_{ij}\sigma_{ij}$; α、$\bar{\sigma}$ 值由土性材料参数来确定, 可根据以下关系式求出:

$$c = \frac{\bar{\sigma}}{3\,(1-12\alpha^2)^{\frac{1}{2}}}, \quad \sin\varphi = \frac{3\alpha}{(1-3\alpha^2)^{\frac{1}{2}}} \tag{7.25}$$

在 MARC 有限元计算中采用:

$$\alpha = \frac{\sin\varphi}{\sqrt{9+3\sin^2\varphi}}, \quad \bar{\sigma} = \frac{9c\cos\varphi}{\sqrt{9+3\sin^2\varphi}} \tag{7.26}$$

式中: c 为土的黏聚力; φ 为土的内摩擦角。

　　线性 Drucker-Prager 屈服函数与线性 Mohr-Coulomb 屈服函数类似, 对主应力 $\sigma_1 > \sigma_2 > \sigma_3$, 后一个函数可写为

$$F_w = \frac{1}{2}(\sigma_3 - \sigma_1) + \frac{1}{2}(\sigma_3 + \sigma_1)\sin\varphi - \cos\varphi = 0 \tag{7.27}$$

Mohr-Coulomb 表面与 π 平面 $\sigma_1 + \sigma_2 + \sigma_3 = 0$ 相交线为六边形。

　　抛物线形 Mohr-Coulomb 屈服函数与静水相关, 可广义化为一个特定的屈服包络面, 在平面应变状态下是一条抛物线, 如图 7.23 所示。

　　抛物线形 Mohr-Coulomb 屈服函数表达式为

$$F_w = (3J_2 + \sqrt{3}\beta\bar{\sigma}J_1)^{\frac{1}{2}} - \bar{\sigma} = 0 \tag{7.28}$$

$$\beta\bar{\sigma} = \frac{\alpha}{\sqrt{3}} \tag{7.29}$$

7.4.2　土工格室植草护坡数值模拟

1. 计算模型

降雨对黄土边坡坡面的侵蚀破坏力学机理主要有以下两个方面:

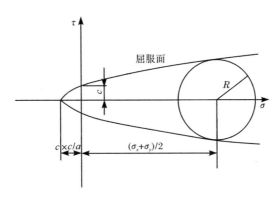

图 7.23　抛物线形 Mohr-Coulomb 材料在平面应变条件下的屈服面

　　(1) 雨水入渗使边坡浅层土体的物理力学性状发生变化,主要表现为抗剪强度显著降低、土体重度增加、弹性模量减小和泊松比增大。这些物理性状的变化均不利于土的稳定,特别是抗剪强度的显著降低使土极易遭受破坏。

　　(2) 雨滴溅蚀、坡面流水冲刷对边坡坡面上土的颗粒或颗粒的集合体进行解离与搬运。

　　土工格室植草护坡体系一方面有效地增强了坡面的抗冲蚀能力;另一方面增加了抗剪强度,减小了雨水入渗深度,从而增强了边坡的稳定性。

　　土工格室植草护坡数值分析,通过定义边坡不同层位土体与土工格室植草护坡体系的物理力学参数,来模拟降雨条件下的边坡力学变形性状。本节的模拟分析定义以下三个分析域(相关计算参数见表 7.10):

　　(1) 位于边坡深部而不受降雨影响的黄土。

　　(2) 位于边坡浅层且受降雨影响的黄土(降雨浸水后物理力学参数发生变化)。

　　(3) 种植土受降雨影响的土工格室植草护坡体系。

表 7.10　土工格室植草护坡数值分析相关计算参数

参数	分析域		
	位于边坡深部而不受降雨影响的黄土	位于边坡浅层且受降雨影响的黄土	种植土受降雨影响的土工格室植草护坡体系
弹性模量 E/MPa	35	10	27
泊松比 μ	0.30	0.40	0.35
重度 γ/(kN/m³)	18	22	22
黏聚力 c/kPa	30	8.5	12
内摩擦角 φ/(°)	28	10	11

　　由于雨滴溅蚀、坡面流水冲刷的力学数值模拟分析涉及流体力学,本节暂不涉及。

本节对两组不同坡度的边坡进行模拟分析,其坡度分别为 1∶1.5 和 1∶1。每组边坡又包括加土工格室植草护坡与不加土工格室植草护坡两种类型,以便通过对比分析土工格室植草护坡的效果。

边坡数值模拟计算模型如图 7.24 和图 7.25 所示。模型坡高取 10m,地基厚取 30m。坡脚处地基侧向水平方向取 3 倍墙高,以允许墙趾处的侧向变形为 30m。坡顶向坡内水平方向取 10m。土工格室-植草护坡防护体厚 15cm。坡面上降雨入渗深度在裸坡条件下取 2.0m(垂直坡面距离),在土工格室植草防护条件下取 1.5m(垂直坡面距离)。

边界条件:Ⅰ-Ⅰ、Ⅱ-Ⅱ 断面取水平位移 $X=0$;Ⅲ-Ⅲ 断面取水平位移 $X=0$,竖向位移 $Y=0$。

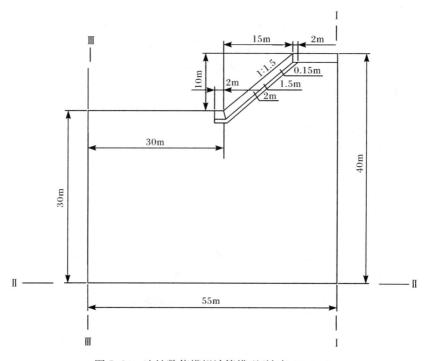

图 7.24　边坡数值模拟计算模型(坡度 1∶1.5)

2. 网格划分

网格划分如图 7.26 与图 7.27 所示。

3. 数值模拟分析结果

数值模拟分析结果包括剪应力等值线图、剪切方向总应变等值线图、等效塑性应变等值线图。

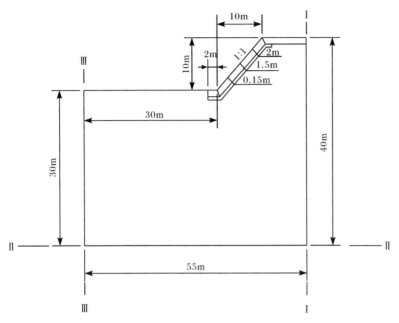

图 7.25　边坡数值模拟计算模型(坡度 1∶1)

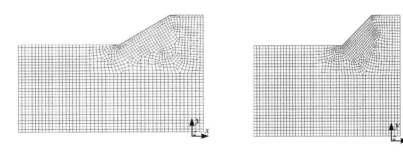

图 7.26　网格划分图(坡度 1∶1.5)　　　　图 7.27　网格划分图(坡度 1∶1)

　　坡度为 1∶1.5 的黄土边坡数值模拟分析结果如图 7.28~图 7.33 所示,坡度为 1∶1 的黄土边坡数值模拟分析结果如图 7.34~图 7.39 所示。

　　数值模拟分析结果显示,土工格室植草护坡可以明显改善坡面的应力分布状态;减小坡脚部位的剪切方向总应变值,使应变在坡面均匀分布;减小塑性应变区域和塑性应变值。

　　1) 剪应力分布

　　土工格室植草护坡对坡面应力分布的改善表现为坡面剪应力的减小(剪应力值对比见表 7.11),坡面上剪应力分布更趋均匀,以及在坡脚部位剪应力集中程度

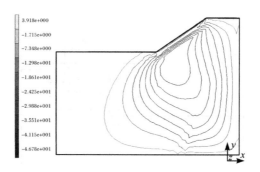

图 7.28　坡度为 1∶1.5 的加格室剪应力等值线图(单位:kPa)

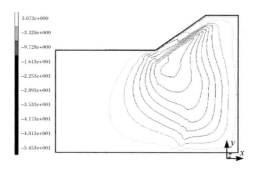

图 7.29　坡度为 1∶1.5 的无格室剪应力等值线图(单位:kPa)

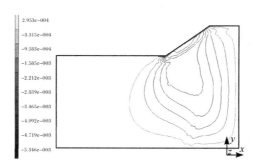

图 7.30　坡度为 1∶1.5 的加格室剪切方向总应变等值线图

的减弱(图 7.28 与图 7.29、图 7.34 与图 7.35)。边坡坡面剪应力的减小有利于坡面的稳定,增强坡面抵抗水流的冲刷能力。坡脚部位剪应力向其他部位的扩散有利于边坡的稳定。

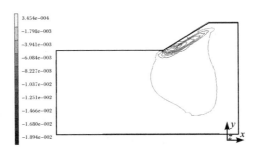

图 7.31　坡度为 1∶1.5 的无格室剪切方向总应变等值线图

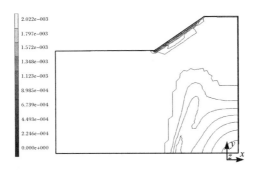

图 7.32　坡度为 1∶1.5 的加格室等效塑性应变等值线图

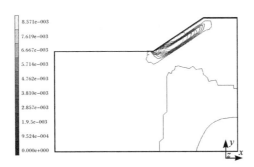

图 7.33　坡度为 1∶1.5 的无格室等效塑性应变等值线图

表 7.11　黄土裸坡与土工格室植草护坡坡面剪应力值对比

剪应力值	1∶1.5 坡度边坡		1∶1 坡度边坡	
	无格室植草护坡的裸坡	加格室植草护坡的边坡	无格室植草护坡的裸坡	加格室植草护坡的边坡
坡脚部位浅表层剪应力值/kPa	9.728	7.348	8.108	4.595
坡脚部位剪应力极大值/kPa	54.530	46.780	71.990	65.190

　　另外,在土工格室-植草护坡防护体与边坡之间形成剪应力锐减过渡带,此过渡带为一个潜在滑动面,是由降雨浸水后原坡面上土的抗剪强度急剧降低而形成的。因此,在设计时,应充分重视土工格室-种植土防护体沿该滑动面的稳定性,固定格室的钎钉或铆钉一定要穿过该大气降雨饱水带。

　　2) 等效塑性应变

　　土工格室植草护坡措施的实施,不仅显著减小了坡脚的塑性应变区,而且坡脚的极限塑性应变值也有明显减小。对于坡度为 1∶1.5 的边坡,边坡坡面裸露无防护时,最大等效塑性应变值为 $8.571×10^{-3}$;有土工格室植草防护时,最大等效塑性应变值为 $2.022×10^{-3}$(图 7.32 与图 7.33)。对于坡度为 1∶1 的边坡,边坡坡面裸露无防护时,最大等效塑性应变值为 $3.594×10^{-2}$;有土工格室植草防护时,最大等效塑性应变值为 $9.713×10^{-3}$(图 7.38 与图 7.39)。这种塑性应变区和塑性应变值的减小是由于格室加筋作用,增大了坡面抗剪强度。

　　3) 剪切方向总应变

　　坡脚部位剪切方向总应变值明显减小。对于坡度为 1∶1.5 的边坡,边坡坡面裸露无防护时,最大剪切方向总应变值为 $1.894×10^{-2}$;有土工格室植草防护时,最大剪切方向总应变值为 $5.346×10^{-3}$(图 7.30 与图 7.31)。对于坡度为 1∶1 的边坡,边坡坡面裸露无防护时,最大剪切方向总应变值为 $6.544×10^{-2}$;有土工格室植草防护时,最大剪切方向总应变值为 $1.910×10^{-2}$(图 7.36 与图 7.37)。

　　此外,剪切方向总应变在坡脚部位集中程度明显减弱,在坡面上相对较为均匀分布。

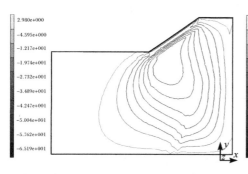 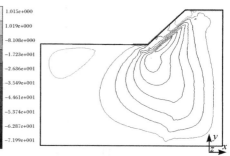

图 7.34　坡度为 1∶1 的加格室剪应力　　　图 7.35　坡度为 1∶1 的无格室剪应力
　　　　等值线图(单位:kPa)　　　　　　　　　等值线图(单位:kPa)

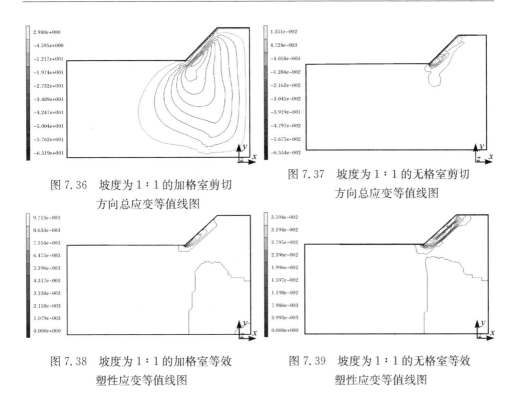

图 7.36　坡度为 1∶1 的加格室剪切
方向总应变等值线图

图 7.37　坡度为 1∶1 的无格室剪切
方向总应变等值线图

图 7.38　坡度为 1∶1 的加格室等效
塑性应变等值线图

图 7.39　坡度为 1∶1 的无格室等效
塑性应变等值线图

7.5　土工格室复合型边坡防护技术

7.5.1　土工格室植草护坡设计

　　土工格室植草护坡是指在展开并固定在坡面上的土工格室内填充改良客土，然后在格室上挂三维植被网，进行喷播施工的一种护坡技术。利用土工格室为草坪植物生长提供稳定和良好的生存环境。采用土工格室植草，可使不毛之地的边坡充分绿化，带孔的格室还能增加坡面的排水性能。

1. 护坡形式与适用条件

　　各地区均可应用土工格室植草护坡，特别是在有养护用水供应条件的干旱、半干旱地区能发挥其独特优势。

　　适用于边坡坡度不陡于 1∶0.5 的任何稳定边坡。当坡度缓于 1∶1 时，采用平铺式护坡形式；当坡度陡于 1∶1 而缓于 1∶0.5 时，采用叠置式护坡形式，如图 7.40 所示。无论采用哪一种护坡形式，每级坡高不应超过 10m。

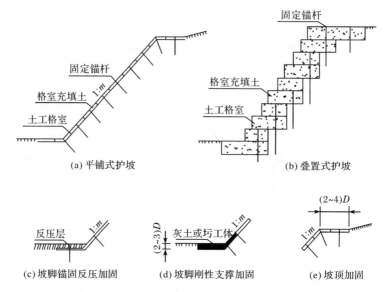

图 7.40　土工格室植草护坡设计形式断面示意图

2. 设计计算方法

本节设计计算方法由平铺式土工格室植草护坡形式推导得来,主要适用于平铺式土工格室护坡。

1) 土工格室植草护坡的破坏模式

工程实践表明,土工格室-植草坡面防护体的破坏主要有两种类型:①格室焊接部位剥离,引发格室-土防护体系的渐进破坏;②格室-土防护体系沿原坡面发生整体剪切下滑破坏。

(1) 格室焊接部位的剥离破坏。

格室由焊接部位的钎钉固定于坡面。若钎钉数量偏少或钎钉施工质量较差,则提供抗滑阻力的钎钉受力增大,传递到格室连接部位的局部应力增大,可观察到该处出现明显的塑性变形。当某个连接部位的局部应力超过其焊接点的剥离强度时,局部应力的重分布使相邻焊接点相继破坏,导致周围格室逐一散开,从而丧失对种植土的加固作用,因此坡面水流作用易在局部发生冲蚀。格室破坏主要受焊点的剥离强度控制,格室破坏引发的整个格室-土防护体系的破坏呈渐进性发展特征。

(2) 格室-土防护体系沿原坡面发生整体剪切下滑破坏。

当格室种植土防护体系的抗滑力不足以抵抗下滑力时,格室沿原坡面发生整体剪切下滑,致使边坡脚部第一排格室底部上翘。从而,经排水孔渗入的水流将上翘格室中的种植土掏空。当第一排格室被掏空后,第二排格室开始上翘,并继续被水冲掏。依次进行,最终使得格室-土防护体系的坡面防护作用完全失效。

上述土工格室植草护坡的破坏模式要求设计时需计算格室-土防护体系的抗滑稳定性、钎钉的合理布置间距、钎钉的合理锚固长度。

2) 稳定系数计算

对土工格室加固边坡进行力学设计分析时,将土工格室、格室固定钎钉和格室充填土作为一个整体结构来考虑。边坡坡面格室-土防护体系受力情况如图 7.41 所示。

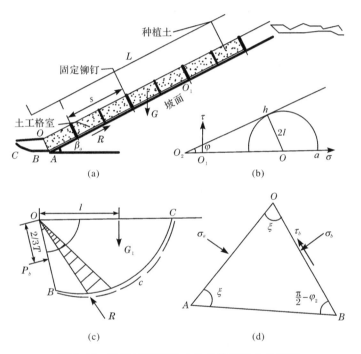

图 7.41　边坡坡面格室-土防护体系受力分析图

以单位宽度坡面土工格室为研究对象,则坡面格室下滑力 F 为

$$F=G\sin\beta_a=\gamma t L\sin\beta_a \tag{7.30}$$

式中:L 为坡长,m;G 为种植土加土工格室的平均重度,kN/m³;t 为种植土的深度,与格室深度相同,m;β_a 为坡角,(°)。

坡面格室的总抗滑力 R_f 为

$$R_f=R_a+R_s+R_j \tag{7.31}$$

坡面土工格室防护体的安全系数 K 为

$$K=\frac{R_f}{F} \tag{7.32}$$

式中:R_a 为坡脚处土工格室提供的被动阻力或抗滑阻力,kN;R_s 为格室-土防护体系在坡面的抗滑力,kN;R_j 为钎钉传递的附加阻力,kN;K 为安全系数,一般要求其大于 1.5。

$$R_s = G\cos\beta_a \tan\varphi + cL \tag{7.33}$$

$$R_j = \frac{tf_j L}{sw} \tag{7.34}$$

式中:c 为充填土与基土界面上的黏聚力,kPa;φ 为充填土与基土界面上的内摩擦角,(°);f_j 为单位深度格室焊接点的剥离强度,kPa/m;s 为钎钉沿坡面纵向方向布置间距,m;w 为钎钉沿坡面横向方向布置间距,m。

当坡脚为刚性支挡时,R_a 可由 Rankine 的被动土压力计算求得。此时,以 OA [图 7.41(a)]面代替 Rankine 在土压力分析中的竖直面,以土的重力应力分力 $\gamma t\cos\beta_a$ 代替土的重力应力 γt,则

$$
\begin{aligned}
R_a &= \cos\beta_a \left(\frac{1}{2} r k_p t^2 + 2c_1 t k_p^{\frac{1}{2}} \right) \\
&= \cos\beta_a \left[\frac{1}{2}\gamma t^2 \tan^2(45° + \varphi_1/2) + 2\tan(45° + \varphi_1/2) \right]
\end{aligned}
\tag{7.35}
$$

式中:c_1 为格室-土防护体系的综合黏聚力(计算时可取与 c 同值),kPa;ϕ_1 为格室-土防护体系的综合内摩擦角(计算时可取与 φ 同值);k_p 为被动土压力系数。

当坡脚无刚性支撑时,R_a 可根据极限平衡理论分析确定。图 7.41(a)中,坡脚破坏区边界线 ABC 由一段直线 AB 和对数螺旋线 BC 组成,将 OAB 中的应力表示在图 7.41(b)上,莫尔圆上的 a 点代表 OA 面上(格室侧壁光滑,与土的摩擦力为 0)的法向应力 σ_a,莫尔圆与破坏包络线的交点 b 代表滑动面 OB 上 σ_b、τ_b。所以:$\angle AOB = \xi = 90° + \varphi_2/2$,$\angle ABO = 90° - \varphi_2$,$\angle BOC = \theta_0 = 90° + \beta - \varphi_2/2$。

由图 7.41(c)所示的 OBC 力矩平衡条件,可得

$$\sum M_0 = \int dM - P_b \frac{2}{3}\gamma_b \tag{7.36}$$

式中:$dM = \gamma r^2 d\theta/2 + cr^2 d\theta$;$l = 2r\cos(\theta_0 - \theta)/3$;$r = r_b e^{\theta\tan\varphi_2}$;$P_b = \sigma_b r_b$,其中,$r_b$ 为 OB 的长度。

整理式(7.36)可得

$$\sigma_b = \frac{3}{2r_b 2}\int_0^{\theta_0} dM = c\frac{3(e^{2\theta_0\tan\varphi_2} - 1)}{4\tan\varphi_2} + \gamma r_b \frac{3\tan\varphi_2(e^{3\theta_0\tan\varphi_2} - \cos\varphi_0) + \sin\theta_0}{2(1 + 9\tan^2\varphi_2)} \tag{7.37}$$

利用图 7.41(b)中的几何关系,可得

$$\sigma_a = \frac{1}{1 - \sin\varphi_2}\sigma_b + \frac{1 + \sin\varphi_2}{\cos\varphi_2}c_2 \tag{7.38}$$

由图 7.41(d)得

$$r_b = \frac{t\sin(90° + \varphi_2/2)}{\cos\varphi_2} \tag{7.39}$$

整理式(7.39),可得

$$R_a = \gamma t^2 N_\gamma + c_2 N_c \tag{7.40}$$

式中

$$N_c = \frac{1+\sin\varphi_2}{\cos\varphi_2} + \frac{3(e^{2\theta_0\tan\varphi_2}-1)}{4\tan\varphi_2(1-\sin\varphi_2)} \tag{7.41}$$

$$N_\gamma = \frac{3\sin(90°+\varphi_2/2)}{2(1-\sin\varphi_2)\cos\varphi_2} \frac{\tan\varphi_2(e^{2\theta_0\tan\varphi_2}-\cos\theta_0)+\sin\theta_0}{1+9\tan^2\varphi_2} \tag{7.42}$$

式中:c_2 为坡脚压实土的黏聚力(计算时可取与 c 同值),kPa;φ_2 为坡脚压实土的内摩擦角(计算时可取与 φ 同值),(°)。

3) 钎钉布置间距、钎钉锚固长度及抗拔力确定

(1) 钎钉布置间距。

由前面稳定系数计算公式可导出钎钉最大布置间距应满足:

$$(sw)_{max} \leqslant \frac{Ltf_j}{\gamma Lt(K\sin\beta_a - \cos\beta_a\tan\varphi) - R_a} \tag{7.43}$$

式中:K 为安全系数,取值为 $K \geqslant 1.5$。

(2) 钎钉锚固长度。

钎钉的力学性质属侧向受力,当钎钉的变形为刚性时,其本身挠曲变形可忽略不计,钎钉在土中仅产生整体转动。钎钉侧向位移随着与转动中心距离的增加而呈线性增加。因此钎钉锚固段所受法向土压力呈三角形分布。

设钎钉总长为 $h_s(m)$,锚固段长为 $h(m)$,钎钉钻孔的直径为 $D(m)$。计算时,假定钎钉为刚性体,不发生挠曲,也不发生整体转动,钎钉锚固段法向受力由其上覆土层提供的最大被动土压力确定,则锚固段法向土压力为

$$P_p = \frac{h}{\cos\beta_a}\gamma\sin\beta_a = \gamma h\tan\beta_a \tag{7.44}$$

其合力为

$$E_p = \frac{1}{2}\gamma Dh^2\tan\beta_a \tag{7.45}$$

在单位宽度坡面上,钎钉为格室提供的抗滑阻力为

$$\frac{L}{s}E_p = (KF - R_a - R_s)w \tag{7.46}$$

则钎钉锚固段最小长度为

$$h = \sqrt{\frac{2sw(KF - R_a - R_s)}{\gamma LD\tan\beta_a}} \tag{7.47}$$

式中:K 为安全系数,取值为 $K \geqslant 1.5$。此外,考虑到钎钉锚固的其他因素,锚固深度深入基土不得小于 0.75m。固定钎钉应按格室间距的倍数交错布置。

钎钉总长为

$$h_s = h + t \tag{7.48}$$

（3）钎钉抗拔力。

钎钉的极限抗拔力取决于土层对于锚固段砂浆产生的最大摩阻力,则钎钉的极限抗拔力为

$$T = \pi D h F_t \tag{7.49}$$

式中:D 为钎钉钻孔的直径,m;F_t 为锚固段周边砂浆与孔壁的平均抗剪强度,kPa。

平均抗剪强度 F_t 除取决于地层特性外,还与施工方法、灌浆质量等因素有关,最好进行现场拉拔试验确定钎钉的极限抗拔力。在没有试验条件的情况下,对于黄土可取 60~130kPa。

3. 设计步骤

根据以上分析可以得到土工格室植草护坡设计步骤,如图 7.42 所示。

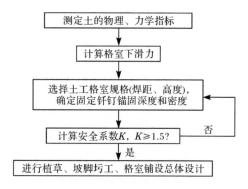

图 7.42　土工格室植草护坡设计步骤

7.5.2　土工格室植草护坡施工

1. 施工工艺

土工格室植草护坡施工工序为:平整坡面→排水设施施工→土工格室施工→回填客土→喷播施工→盖无纺布→前期养护。

1) 平整坡面

坡面是否平整关系到土工格室植草护坡工程的成败,坡面凹凸不平时铺设土工格室易产生应力集中,使格室焊点开裂,造成土工格室结构层垮塌等。因此需整平坡面至设计要求,并采用人工修坡。

2）排水设施施工

边坡排水系统的设置是否合理和完善直接影响到边坡植草的生长环境,对于长大边坡,坡顶、坡脚及平台均需设置排水沟,并应根据坡面水流量的大小考虑是否设置坡面排水沟,一般坡面排水沟横向间距为40～50m。

3）土工格室施工

（1）采用插件式连接土工格室单元。连接时,将未展开的土工格室组件并齐,对准相应的连接塑件,插入特制圆销,然后展开。连接时,根据不同坡度的边坡采用不同单元组合形式。

（2）在坡面上按设计的锚杆位置放样,采用直径38～42mm的钻杆进行钻孔,孔径基本可达50mm,按要求进行冲孔,在钻孔内灌注30号砂浆。

（3）按设计要求制作锚杆,并除锈、涂防锈油漆,悬在坡面外的锚杆应套内径为25mm的聚乙烯或丙烯软塑料管,管内所有空间应用油脂充填,端部应密封。

（4）铺设土工格室施工,在坡顶先用固定钉或锚杆进行固定,按设计图纸要求开展,在坡脚用固定钉或锚钉固定,其间按图纸要求用锚杆固定。土工格室应预系土工绳,以备与三维网连接绑扎。

（5）施工边坡平台及第一级平台填土,以固定在土工格室坡面上。

4）回填客土

土工格室固定好后,即可向格室内填充改良客土,充填时要使用振动板使之密实,靠近表面时用潮湿的黏土回填,并高出格室面1～2cm,保持预系的土工绳露出坡面。第一段铺设完毕后,即可进行第二段的铺设直至最终完成。土工格室内填土要从最上层开始分段进行,初期铺设时,上端一定要锚固好,一般上部至少每隔一个格室间距布置一个锚杆或锚钉,等全部铺设完成并填充压实后,附加锚钉可取掉。

5）喷播施工

按设计比例配合草种、木纤维、保水剂、黏合剂、肥料、染色剂及水的混合物料,并通过喷播机均匀喷射于坡面。

6）盖无纺布

雨季施工,为使草籽免受雨水冲失,并实现保温保湿,应加盖无纺布,促进草种的发芽生长,也可采用稻草、秸秆编织席覆盖。

7）前期养护

洒水养护。用高压喷雾器喷洒,使养护水呈雾状均匀地湿润坡面。注意控制好喷头与坡面的距离和移动速度,保证无高压射流水冲击坡面形成径流。养护期限视坡面植被生长状况而定,一般不少于45d。

2. 质量检测标准

（1）购进的土工格室材料需有出厂合格证和检测报告，每 5000m² 应随机抽样进行强度指标试验，结果需满足设计要求。采用中国石化燕山石化公司生产的土工格室时，各项质量标准和测试标准见表 7.12。

表 7.12　土工格室性能参数及测试标准

参数	质量标准	测试标准
环境应力开裂时间/h	＞1000	GB/T 1842—2008
低温脆化温度/℃	＜60	ASTM D746 A 型
拉伸屈服强度/MPa	＞20	GB/T 1040—2018
维卡软化温度/℃	＞120	GB/T 1633—2000
氧化诱导时间/min	＞40	GB/T 17391—1998
焊接处抗拉强度/(N/cm)	＞100	GB/T 1040—2018
边缘连接处抗拉强度/(N/cm)	＞250	GB/T 1040—2018
中间连接处抗拉强度/(N/cm)	＞160	GB/T 1040—2018

（2）对土工格室的土工利用模数进行测试，要求当材料应变达到 3％时，应发挥出 50％以上的整体强度。

（3）对土工格室固定钎钉的锚固间距、锚固深度、固定孔砂浆灌注质量派专人负责，并做好记录。同时，应按钎钉总数的 2％进行拉拔试验，合格率应达到 85％以上。

7.6　工程实例

7.6.1　实例一

1. 工程概况

实体工程位于 312 国道甘肃凤（口）—罗（汉洞）二级公路某跨沟路段的加筋土挡墙与路堤结合部，该地段为自然黄土边坡，坡度为 65°～72°，边坡高 14～17m，地层为 Q₃风积黄土，土质疏松，大孔隙发育，具有湿陷性，受暴雨冲蚀的影响，边坡产生坍塌，严重影响紧邻加筋土挡墙的稳定性，危及公路正常运营。因此 2002 年9 月对该处边坡采用土工格室生态护坡方法进行了处治。

2. 护坡设计

土工格室生态护坡设计参数如下：

（1）土工格室。格室焊距为 80cm，格室高 20cm，格室壁厚 1.2mm，焊缝处抗拉强度为 10.6kN/m。低温脆化温度为 -60℃，维卡软化温度为 125℃。

（2）护坡结构形式。平铺式与叠置式相结合。其中边坡下部 7m 为叠置式，坡度为 1:0.5；上部 8m 为平铺式，坡度为 1:1.5。

（3）固定锚钉采用 ϕ12mmHPB235 钢筋，锚钉间距：平铺式 2.0m，叠置式 1.0m。

（4）锚钉长 0.7m，锚钉锚固深度 0.5m。

（5）坡顶平铺包边 1.0m，坡脚采用 3:7 灰土夯填加固。

（6）坡面种植黑麦草和小冠花。

3. 施工

土工格室护坡按施工工艺要求，先后进行了坡面刷方、整修坡面、铺设土工格室并与坡面固定、格室回填种植土、坡面种草和养护等工序，于 2002 年 9 月底竣工。

4. 效果

经过一年多的观测，坡面完整，未发生坡面冲蚀、局部溜坍等病害现象，且植被生长良好，取得了较好的效果。按 2002 年材料工费单价（平铺式 13.2 元/m²、叠置式 48.8 元/m²）核算，比其他圬工防护工程造价降低 20%～40%，经济效益明显。

7.6.2　实例二

1. 工程概况

实体工程位于黄陵—延安高速公路道南隧道南口的右边坡。该路段地处陕北黄土高原南部，地貌属典型的黄土台塬、黄土梁峁～沟壑区，海拔在 800～1500m。早晚温差较大，常年平均气温为 9℃，极端低温为 -23.1℃，极端高温为 37.6℃。年平均降水量为 470～600mm，年蒸发量为 1200～1300mm，雨季一般在 7～9 月，且以暴雨、阵雨为主，延安最大冻深为 79cm，黄陵最大冻深为 65cm。

试验段边坡为黄土路堑高边坡，边坡顶部为 Q₃ 黄土，坡脚为 Q₂ 黄土，坡脚黄土强度较大。坡型为多台级折线型，综合坡度为 1:1。边坡单级坡高 8～10m，单级坡度为 1:0.3～1:0.5 。

2. 护坡设计

叠置式土工格室生态护坡设计共分 3 级，每级设计尺寸、参数相同，具体参数如下：

（1）格室高 20cm，焊距 80cm，板材厚 1.2mm±0.1mm；焊缝处抗拉强度为 10.6kN/m；低温脆化温度为 −60℃，维卡软化温度为 125℃。

（2）护坡宽 150cm，格室中填土的压实度要求大于 90%。

（3）土钉采用 ϕ12mmHPB235 钢筋，长 75cm，间距 200cm，垂直于坡面线布置，空间上交错分布。

（4）锚钉长 50cm，横剖面间距 100cm，纵剖面间距 200cm，交错布置。

（5）基础换填灰土深 100cm，宽 200cm，灰土配比为 3∶7（质量比），换填灰土压实度大于 90%。

（6）排水沟按原设计执行。

3. 施工

土工格室护坡施工工序：基础开挖→回填 3∶7 灰土、夯实→在基础顶部铺设土工格室→回填 3∶7 灰土、夯实（共 4 层土工格室）→分层铺设土工格室→分层回填客土、夯实，并用锚钉将上下土工格室连接→（间隔 5 层土工格室后向边坡土中打入土钉→连接土工格室与土钉）→在土工格室施工完毕所形成的梯形平台内覆土（腐质肥料）→撒播草籽→前期养护。

试验工程共对坡脚部位的一、二、三级边坡施行叠置式土工格室防护，单级边坡的实际坡度为 1∶0.3，坡高为 8m。施工于 2004 年 8 月完成。

4. 效果

经过半年多的观测，坡面完整，未发生任何坡面出现冲蚀、局部溜坍等病害现象。

叠置式土工格室生态护坡还具有以下三个优点：①能有效防止边坡浅层破坏（如崩塌、堆塌、浅层滑坡等）；②能给植被提供更好的土壤环境；③可以应用于非常陡的边坡，如坡度为 1∶0.3 的边坡。

第8章 土工格室在路基支挡工程中的应用

8.1 概 述

挡墙是支承路基填土或山坡土体,防止填土或土体变形失稳,而承受侧向土压力的建筑物[130,131]。挡墙通过自身的重力或借助部分土体的重力共同对不能维持自身稳定的土体进行加固,以保持路基的稳定,确保公路运输的安全、畅通。

公路挡墙按其设置的位置可分为:用于稳定路堑边坡的路堑挡墙、墙顶同路肩一样平的路肩挡墙和用于路堤坡脚墙顶以上有一定填土高度的路堤挡墙。此外,尚有设置在山坡上的山坡挡墙、为抵抗滑坡而设的抗滑挡墙、用于车站内便于旅客上下或装卸货物的站台墙等。根据墙背坡的倾斜方向,分为俯斜、仰斜、垂直三种形式,墙背坡只有一个的为直线形墙背,多于一个的为折线形墙背。

近年来,随着我国公路建设的发展,对公路线形提出了更高的要求。公路挡墙作为公路建设中必不可少的一部分,也同样适应于公路事业发展的需要。公路挡墙的结构形式较多且适用范围各不相同,而且我国各个地区工程地质有着很大的差异,因此应根据我国各地区对公路支挡工程的要求而采用不同的支挡结构形式[132]。

在各国公路建设中,对于高边坡的破坏已给予高度的重视,并根据地质情况、设计要求和施工方法,运用并设计了各种类型的挡墙结构形式[133~136]。目前,国内外所采用的支挡构造物类型很多,如重力式挡墙、衡重式挡墙、悬臂式挡墙、扶壁式挡墙、锚杆挡墙、锚定板挡墙、土钉墙、抗滑挡墙、加筋土挡墙、板桩式挡墙等。各类挡墙的特点及适用范围见表8.1。

表8.1 各类挡墙的特点及适用范围

类型	结构示意图	特点及适用范围
重力式挡墙	 墙身	主要依靠墙身自重保持稳定。取材容易,形式简单,施工简便,适用范围广泛。当地基承载力较低时,可于墙底设钢筋混凝土基座,以减薄墙身,减小开挖量

类型	结构示意图	特点及适用范围
衡重式挡墙		利用衡重台上的填土和全墙重心后移增加墙身稳定,减小断面尺寸。墙胸陡,下墙背仰斜,可降低墙高,减少基础开挖。适用于山区、地面横坡陡的路肩墙,也可用于路堑墙或路堤墙
悬臂式挡墙		采用钢筋混凝土材料,由立壁、墙趾板、墙踵板三个部分组成;断面尺寸较小。墙高时力臂下部的弯矩大,耗钢筋多。适用于石料缺乏地区及挡墙高度不大于 6m 地段,当墙高大于 6m 时,可用扶壁式
扶壁式挡墙		沿墙长方向每隔一定距离加一道扶肋,把墙面板与墙踵板连接起来。在高墙时,比悬臂式经济
加筋土挡墙		由墙面板、拉筋和填土三部分组成,借助拉筋与填土之间的摩擦作用,把土的侧压力传给拉筋,从而稳定土体。施工简便、外形美观、占地面积少,而且对地基的适应性强。适用于缺乏石料的地区和大型填方工程
锚杆挡墙		由肋柱、挡板、锚杆组成,靠锚杆拉力维持挡墙的平衡。肋柱、挡板可预制。适用于石料缺乏、挡墙高度超过 12m 或开挖基础有困难的地区,一般较宜用于路堑墙。小锚杆挡墙:锚杆短,适用于岩层边坡覆盖土薄地段

续表

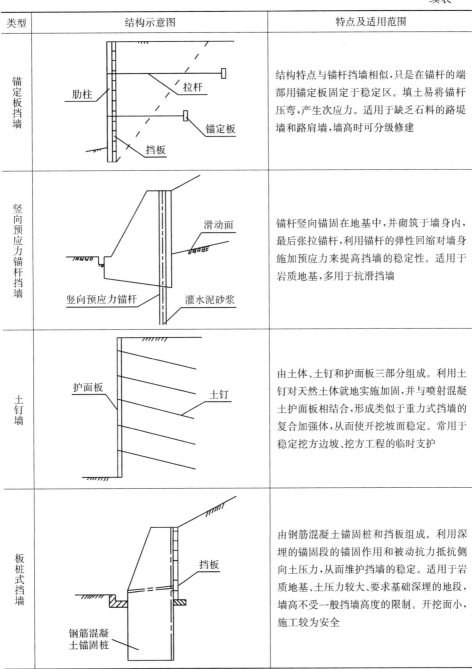

类型	结构示意图	特点及适用范围
锚定板挡墙		结构特点与锚杆挡墙相似,只是在锚杆的端部用锚定板固定于稳定区。填土易将锚杆压弯,产生次应力。适用于缺乏石料的路堤墙和路肩墙,墙高时可分级修建
竖向预应力锚杆挡墙		锚杆竖向锚固在地基中,并砌筑于墙身内,最后张拉锚杆,利用锚杆的弹性回缩对墙身施加预应力来提高挡墙的稳定性。适用于岩质地基,多用于抗滑挡墙
土钉墙		由土体、土钉和护面板三部分组成。利用土钉对天然土体就地实施加固,并与喷射混凝土护面板相结合,形成类似于重力式挡墙的复合加强体,从而使开挖坡面稳定。常用于稳定挖方边坡、挖方工程的临时支护
板桩式挡墙		由钢筋混凝土锚固桩和挡板组成。利用深埋的锚固段的锚固作用和被动抗力抵抗侧向土压力,从而维护挡墙的稳定。适用于岩质地基、土压力较大、要求基础深埋的地段,墙高不受一般挡墙高度的限制。开挖面小,施工较为安全

　　重力式挡墙是各国较早采用的形式,其利用墙体重量保持自身的稳定,多用浆砌片(块)石砌筑。重力式挡墙依靠自身重量维持平衡,墙身截面大,圬工数量

较大,因此对地基承载力要求高,不适于在软弱地基上修建。目前国外多以钢筋混凝土材料为主,在工厂预制成块体,并辅助以特殊杆件现场拼装成为墙体,因而极大地提高了施工速度,且造型美观,同时具有明显的经济效益。但当墙体过高时,耗材过多,因此墙体高度一般在 8m 以下。

薄壁式挡墙是由钢筋混凝土材料构成的轻型挡墙,包含悬臂式和扶壁式两种形式。薄壁式挡墙依靠墙身自重和墙踵板上方的填土重力来保持稳定,所设的墙趾板增大了抗倾覆稳定性,减小了基底应力。墙身高度在 6m 以内多采用悬壁式。采用扶壁式挡墙(一般在 8～9m)虽然提高了建筑高度,但使用的水泥量及断面配筋量较大,造价较高且不利于机械化施工。薄壁式挡墙断面较小,自重较轻,可充分发挥钢筋混凝土材料的强度性能,适用于填方路段,多应用于承载力较低的地基上或有抗震要求的地区。

加筋土技术发展于 20 世纪 60 年代,是一种在土中加入高模量筋材复合材料的土体加固技术。加筋土挡墙是利用加筋土技术修建的支挡结构物,1965 年首次应用加筋土理论在法国修建了第一座加筋土挡墙。路基土体中拉应力通过土与加筋的摩擦作用传递到附近的拉筋上,土体自身承受压应力及剪应力,从而使土体成为具有一定自约束的结构。加筋土挡墙一般为条带式挡墙,多应用于地形平坦且有充足布筋空间的填方路段。该技术发展迅速,现已被许多国家所采用。加筋土挡墙在我国西北黄土地区应用十分广泛,并有专门的设计施工规范,因此在我国加筋土技术已较为成熟。

锚杆技术用途十分广泛,它是一种把受拉杆件埋入稳定地层从而对结构物进行加固的技术,按其锚固机理可分为黏结型、摩擦型、端头锚固型和混合型等。锚杆挡墙通过锚杆的锚固作用充分调用和提高了岩土的自身强度和自稳能力,大大减轻了结构物的自重,起到了节约工程材料、确保施工安全与工程稳定的作用,有着显著的经济效益和社会效益。锚杆挡墙应用范围多为存在稳定岩石地层的地区,对于土层锚固则要求土层有较高的稳定性。

国内支挡结构建设中结合国外的一些先进设计方法及施工经验,并根据我国实际情况及工艺水平设计建造了多种类型的挡墙。锚定板挡墙是我国铁路部门首创的一种新型的支挡结构形式,其发展于 20 世纪 70 年代初期,目前也在公路支挡工程中得到应用。锚定板挡墙是一种适用于填方路段的轻型支挡结构,该结构由墙面系、钢拉杆、锚定板和填土共同组成,钢拉杆的一端与工程构造物连接,另一端埋置于路基中,承受由土压力所产生的拉力。锚定板技术可视为锚杆技术的一个衍变形式,其抗拔力来源于锚定板前填土的被动土压力,因此对墙后填料及埋设锚定板后的土方压实要求较高。锚定板挡墙中构件多为预制构件,现场安装,但施工中面板、肋柱安装较严格,接缝较多容易导致大气降水入渗而影响墙后填料的稳定性。设计单级墙高一般为 6m 左右,多级挡墙应采用阶梯形进行布置。

随着公路事业的不断发展,对公路建设的要求也在不断提高。土工格室柔性挡墙作为一种新型挡墙应势而生,它的最大特点在于施工完后,表面可以进行绿化,这一点克服了刚性支挡结构物表面不能进行绿化的缺陷[137]。同时,由于其墙身具有一定的柔性,可与土体协调变形,能够释放部分土压力,使墙后土体的土压力重新分布,向有利于整体稳定的方向发展。在公路建设中,土工格室柔性挡墙能够满足恢复生态、绿化墙面、美化沿线景观的要求,应用前景十分广阔。

8.2　土工格室柔性挡墙

8.2.1　土工格室柔性挡墙的特征

柔性挡墙与刚性挡墙的最大不同在于:柔性挡墙墙身模量较低,具有一定的柔性,其墙身在土压力作用下,可与土体发生协调变形而不致开裂,同时少量的变形可释放部分土压力,减缓局部应力集中现象。与刚性挡墙相比,土工格室柔性挡墙具有以下特点[138]:

(1) 立体网状结构的土工格室和充填料组成的结构层,按一定坡度(1∶0.25～1∶0.5)层层叠加形成的一种新型支挡构造物。与常见的支挡构造物(重力式挡墙、轻型挡墙、加筋土挡墙等)相比,具有结构轻、施工简便、造价低等优点。

(2) 刚性支挡结构物(如重力式挡墙、轻型挡墙、加筋土挡墙等)在公路建设中得到广泛应用,但其尚有一定的局限性。主要表现在圬工数量大,劳动强度高,在石料匮乏的地区工程造价高,同时由于其自身重量大,对地基承载力要求较高。土工格室柔性挡墙相对而言,具有施工方便、可就地取材、受地域限制小等特点。同时墙身自重小,具有一定的柔性,可发生一定变形而不破坏,因此其对地基承载力及不均匀沉降方面的要求比刚性挡墙低得多。

(3) 土工格室柔性挡墙墙面格室内可植草种树,在公路建设中,能够满足恢复生态、绿化墙面、美化沿线景观的要求,刚性挡墙在这一点是难以满足的。

(4) 土工格室挡墙作为柔性挡墙,其作用性状混合了墙体、加筋层、墙后填土、地基四部分影响因素的相互作用,其墙身在土压力作用下,可与土体发生协调变形而不致开裂,同时少量的变形可释放部分土压力,减缓局部应力集中现象,这一特点是柔性挡墙独有的特征。

8.2.2　土工格室柔性挡墙的作用机理

1. 柔性墙体的支挡作用

柔性挡墙是由具有较大抗剪强度和刚度的复合体堆积而成的[139]。土工格室柔性挡墙对其后土体具有一定的支挡作用,在这一点上,它与刚性挡墙的支挡作用相同。土工格室柔性挡墙具有一定的重量,墙身具有一定的强度,可限制墙后填土的侧向位移,保证了墙后土体的稳定。层层叠加的土工格室结构层具有较大的抗剪强度和一定的刚度,也保证了墙体本身的稳定。

2. 柔性墙体的减力作用

土工格室柔性挡墙在墙背土压力作用下,其墙身与墙后土体协调变形,变形最先从墙背应力最大点处开始,当此处发生一定的变形后,墙背应力也就得到了一定的释放,从而使墙背应力重新分布。如此重复作用,使应力分布向有利于墙体及墙后土体整体稳定的方向发展,最终达到稳定状态。

8.2.3　土工格室柔性挡墙的破坏机理及适应性分析

1. 柔性挡墙破坏机理分析

根据土工格室柔性挡墙的破坏机理,在设计时可采取一些结构性措施来提高结构强度,保证结构的安全性。柔性挡墙的破坏主要表现为地基承载力不够、墙体整体破坏,墙体变形过大,墙体局部破坏,墙体结构失稳倾覆等几种情况。

1) 地基承载力不够、墙体整体破坏

当柔性挡墙修建在软弱地基或地基承载力不足时,在墙体重力作用下,地基发生较大沉降,引起基础、墙体及墙后填土的整体滑动,当滑动面通过挡墙基础以下位置时,墙体及墙后土体发生整体滑动而破坏。

2) 墙体变形过大

柔性挡墙修建完成后,由于设计强度不足或外界荷载发生变化,随着时间的推移,墙体变形不断增大,当变形超过一定量时,土工格室与填料之间的相互作用会急剧减小,土工格室将丧失作用,进而导致墙体破坏。即使墙体发生过大的变形而未倒塌,其结构安全性也已显著降低,在外观和使用性能上已不能满足要求。

3) 墙体局部破坏

墙体局部破坏主要是施工质量差造成的墙体局部强度不足,在外界条件改变(如降水量、车辆荷载等突然变大)时,引起墙背土压力增大,墙体因局部强度不足而发生局部破坏。

4) 墙体结构失稳倾覆

墙体结构失稳倾覆主要表现为墙体垮塌,墙体垮塌主要有设计和施工两个方面的原因。设计人员设计时对工程现场环境了解不够,设计参数取值不合理,从而造成的墙体强度不足、基础沉降过大等,最终导致墙体垮塌。此外,施工质量差也是导致墙体垮塌的主要原因。施工时,土工格室张拉不够或格室内填料压实不够,这样将会使土工格室的作用不能得到充分发挥,使墙体的整体强度显著降低,导致后期墙体变形过大而垮塌。

柔性挡墙的破坏主要是以上几个方面,必须在设计和施工中予以考虑,采取一定的措施,防止破坏的情况出现。

2. 柔性挡墙适应性分析

土工格室柔性挡墙同刚性挡墙一样,存在自身的特点,在工程中应用存在适应性问题。从土工格室柔性挡墙的自身特性出发,对柔性挡墙的适应性进行分析,进一步明确其适用及不适用工况,对挡墙设计及支挡方案的比选具有重要的指导意义。根据柔性挡墙的特点,并结合工程要求和经济性考虑,其主要适合在以下工程中应用。

1) 石料匮乏的地区

在石料匮乏的地区,石料一般要从较远处运输,运输成本很高,这将大大增加圬工工程的造价。大量石料从外地运输,不仅增加了工程造价,而且难以满足工程进度的要求。土工格室柔性挡墙对格室填料要求不是很高,一般均可就地取材,这一点正好克服了圬工支挡结构物在这些地区的缺点,不仅可以满足工程需求,还可以大大降低工程造价。

2) 地基承载力较小的情况

当地基承载力较小,处理成本又很高时,在相同的条件下,柔性挡墙的方案要明显优于刚性圬工挡墙。土工格室柔性挡墙墙身重度比刚性挡墙的墙身重度小,在相同结构尺寸的情况下,其墙身重量比刚性墙身重量小,因而其对地基承载力的要求比刚性挡墙低。此外,柔性挡墙的墙身、基础和墙背土体协调共同作用,发生一定的变形而不破坏,对地基不均匀沉降的要求相对较低。

3) 环保要求较高的工程

目前,公路事业迅猛发展,公路工程不仅在质量方面提高了要求,在美观和环保方面也提出了更高的要求,很多公路要求修建完后恢复绿化。在有些风景区还要求沿线景观尽可能没有圬工结构外露。在这些地区,刚性支挡结构虽然能满足安全方面的要求,但在绿化方面比较困难。土工格室柔性挡墙施工完后,可在其墙面直接进行植草绿化,在美观方面完全能达到要求。

4) 膨胀土地区

膨胀土是一种特殊土,遇水会发生膨胀,失水会产生较大的收缩,这些地区修建的刚性挡墙,刚修建好时没什么问题,但在雨季,墙后土体吸水会发生膨胀,产生比较大的膨胀力,使刚性挡墙墙体开裂,甚至倒塌。柔性挡墙由于墙体具有一定的柔性,在墙背应力较大的位置会发生变形,这种变形实际上是对膨胀力的释放,从而减小了膨胀力的破坏作用。从理论上讲,在这些地区使用土工格室柔性结构要优于刚性圬工支挡结构。但在实际使用中,由于降水具有重复性,如果不做好防排水工作,柔性挡墙也会因不断的膨胀作用而破坏。因此,在膨胀土地区使用土工格室柔性挡墙时,一定要做好防排水设计工作。

8.3 土工格室柔性挡墙主动土压力计算

8.3.1 土工格室柔性挡墙结构形式

土工格室柔性挡墙的结构形式分为路肩式土工格室柔性挡墙和路堤式土工格室柔性挡墙[140,141],如图 8.1 和图 8.2 所示。

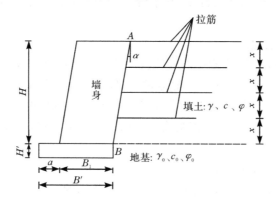

图 8.1 路肩式土工格室柔性挡墙

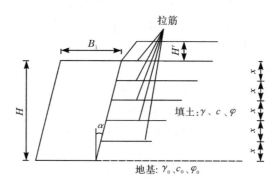

图 8.2 路堤式土工格室柔性挡墙

作用在挡墙上的力系包括:填土自重及上覆荷载产生的土压力 E_a,可分解为水平土压力 E_x 与垂直土压力 E_y;墙身自重 G;拉筋拉力 T_i。

8.3.2　墙背主动土压力的确定

1. 路肩式土工格室柔性挡墙

路肩式土工格室柔性挡墙如同仰斜式重力式挡墙一般,依靠其庞大的墙身来抵抗土压力的作用,维持自身稳定[142,143]。

墙背后填土表面常有车辆荷载作用,使土体中产生附加的竖向应力,从而产生附加的侧向应力。土压力计算时,对于作用于墙背后填土表面的车辆荷载可以近似地按均布荷载来考虑,并将其换算为重度与墙后填土相同的均布土层。根据库仑土压力理论,得到墙背土压力分布,如图 8.3 所示。其中:δ 为墙背摩擦角,(°);α 为墙背倾角,(°),墙背俯斜时为正,仰斜时为负;K_a 为库仑土压力系数,可采用式(8.1)计算:

$$K_a = \frac{\cos^2(\varphi-\alpha)}{\cos^2\alpha\cos(\delta+\alpha)\left[1+\sqrt{\dfrac{\sin(\varphi+\delta)\sin\varphi}{\cos(\delta+\alpha)\cos\alpha}}\right]^2} \tag{8.1}$$

式中:φ 为土工格室加筋填土的内摩擦角,(°)。

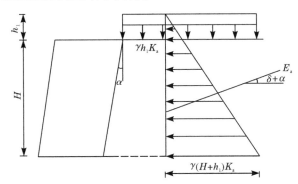

图 8.3　路肩式土工格室挡墙墙背土压力分布

取单位墙长,所得的假想墙背主动土压力 E'_a 的表达式为

$$E'_a = \frac{1}{2}\gamma(H+h_1)^2 K_a = \frac{1}{2}\gamma H'^2 K_a \tag{8.2}$$

式中:h_1 为换算均布土层厚度,m;H 为墙背高度,m;γ 为填土的重度,kN/m³。

沿墙高的土压应力 σ_a 可通过 E'_a 对 H' 求导而得到,即

$$\sigma_a = \frac{\mathrm{d}E'_a}{\mathrm{d}H'} = \gamma h K_a \tag{8.3}$$

式中:H' 为假想墙背高度,m。

截取假想墙背土压应力分布图 8.3 中与墙身高度相应的部分,得到实际墙背

土压力分布,如图 8.4 所示。

$$E_a = \frac{\gamma h_1 K_a + \gamma (H + h_1) K_a}{2} H = \frac{H \gamma K_a (H + 2h_1)}{2} \tag{8.4}$$

$$H_{E_a} = \frac{\gamma h_1 K_a H \dfrac{H}{2} + \gamma H K_a \dfrac{1}{2} H \dfrac{H}{3}}{\dfrac{H}{2} \gamma K_a (H + 2h_1)} H = \frac{H(H + 3h_1)}{3(H + 2h_1)} \tag{8.5}$$

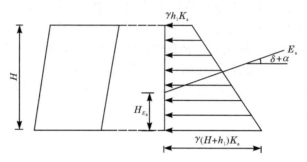

图 8.4　实际墙背土压力分布

2. 路堤式土工格室柔性挡墙

将挡墙上填土重力按式(8.6)换算成等代均布土层厚度:

$$h_1 = \frac{H}{2m} \tag{8.6}$$

式中:m 为路堤边坡坡度;H 为挡墙墙身高度,m;h_1 为挡墙上填土换算成的等代均布土层厚度,m,当 $h_1 > H'$ 时,取 $h_1 = H'$,H' 为加筋体上路堤高度,m。

车辆荷载换算的等代均布土层厚度 h_2 按式(8.7)计算:

$$h_2 = \frac{\sum G}{B L_0 \gamma} \tag{8.7}$$

式中:B 为荷载布置长度,m;L_0 为荷载布置宽度,采用路基宽度,m;γ 为墙背后填土重度,kN/m³;$\sum G$ 为布置在 $B \times L_0$ 面积内的轮载或履带荷载,kN。

B 的取值如下:

(1) 汽车-10 级或汽车-15 级作用时,取挡墙分段长度,但不超过 15m。

(2) 汽车-20 级作用时,取车辆扩散长度。当挡墙分段长度在 10m 及 10m 以下时,车辆扩散长度不超过 10m;当挡墙分段长度在 10m 以上时,车辆扩散长度不超过 15m。

(3) 汽车-超 20 级作用时,取车辆的扩散长度,但不超过 20m。

(4) 平板挂车或履带车作用时,取挡墙分段长度和车辆扩散长度两者中的较大值,但不超过 15m。

车辆扩散长度 B' 按式(8.8)计算:

$$B'=L'+a+(2H'+H)\tan 30°\tag{8.8}$$

式中:L' 为汽车或平板挂车的前后轴距(履带车为 0),m;a 为车轮或履带的着地长度,m。

将挡墙上填土重力和车辆荷载均换算为等代均布土层厚度之后,可以计算出挡墙墙背的土压力,如图 8.5 所示。

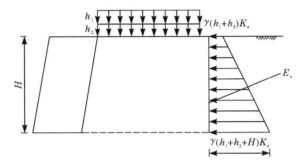

图 8.5　路堤式土工格室柔性挡墙墙背土压力分布

$$E_{a}=\frac{\gamma K_{a}\left[2(h_{1}+h_{2})+H\right]H}{2}\tag{8.9}$$

8.4　土工格室柔性挡墙设计与施工

8.4.1　土工格室柔性挡墙设计

以路肩式土工格室柔性挡墙为例,按荷载组合 Ⅰ 进行结构设计,挡墙结构如图 8.1 所示。设拉筋等间距布置,间距为 x,共布设 n 层,可知 $H=nx$。

1. 设计墙身宽度 B_{1}

由于挡墙的墙身具有一定的柔性,在墙后填土及车辆荷载引起的土压力作用下,墙身必将产生一定的变形,但变形不宜过大,以保证挡墙的正常工作及稳定性的发挥。考虑到土工格室的强度利用模数、土工格室与土体的协调变形和挡墙的整体性,以墙身的最大变形不超过墙宽的 1.5% 进行墙身宽度的控制。

1) 不考虑拉筋作用

分别从控制墙身的变形和保证挡墙的整体稳定安全系数出发来设计墙身宽度,并取两者中的较大值。

（1）土压力计算。

墙背主动土压力采用式(8.5)进行计算。

（2）分析模式。

将墙身按两端铰支的简支梁进行受力和变形分析，模型如图8.6所示。

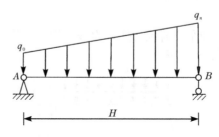

图 8.6　墙身受力分析模式图

$$q_0 = \sigma_A \cos(\delta + \alpha) = \gamma h_1 K_a \cos(\delta + \alpha) \tag{8.10}$$

$$q_n = \sigma_B \cos(\delta + \alpha) = \gamma (H + h_1) K_a \cos(\delta + \alpha) \tag{8.11}$$

式中：σ_A 为墙背 A 点所受的土压应力，kN/m；σ_B 为墙背 B 点所受的土压应力，kN/m；q_0 为墙背 A 点所受的土压应力的水平值，kN/m；q_n 为墙背 B 点所受的土压应力的水平值，kN/m。

将墙身计算模式分解为下列两种基本计算模式的叠加，如图 8.7 所示，根据叠加原理，梁的最大挠度 $y_{\max}$ 发生在梁的跨中截面处，即

$$y_{\max} = y_{\frac{H}{2}} = \frac{5 q_0 H^4}{384 EI} + \frac{5 (q_n - q_0) H^4}{768 EI} = \frac{5 (q_0 + q_n) H^4}{768 EI} \tag{8.12}$$

式中：EI 为梁的抗弯刚度，kN·m²；I 为梁截面惯性矩，取单位墙长，采用如下公式计算：

$$I = \frac{B_1^3}{12} \tag{8.13}$$

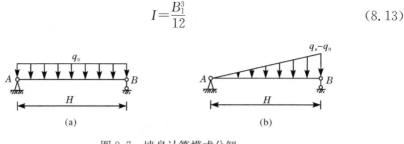

图 8.7　墙身计算模式分解

分别将式(8.10)、式(8.11)、式(8.13)代入式(8.12)可得

$$y_{\max} = \frac{5 \gamma K_a (H + 2h_1) H^4 \cos(\delta + \alpha)}{64 E B_1^3} \tag{8.14}$$

由 $y_{\max} \leqslant 0.015 B_1$，得

$$B_1 \geqslant \sqrt[4]{\frac{125\gamma K_a (H+2h_1)H^4 \cos(\delta+\alpha)}{24E}} \qquad (8.15)$$

取等号作为不考虑加筋作用时墙身宽度的设计值。

（3）下面从墙身稳定性出发，对墙身宽度 B_1 进行进一步分析。墙身受力如图 8.8 所示。

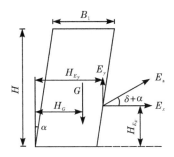

图 8.8　挡墙墙身受力示意图

① 抗滑稳定性分析。

$$K_c = \frac{\mu N}{T} = \frac{\mu(G+E_y)}{E_x} = \frac{\mu[\gamma_1 B_1 H + E_a \sin(\delta+\alpha)]}{E_a \cos(\delta+\alpha)} \geqslant [K_c] \qquad (8.16)$$

式中：K_c 为基底抗滑稳定系数；$[K_c]$ 为基底抗滑要求安全系数；γ_1 为墙身的重度，kN/m^3。

② 抗倾覆稳定性分析。

$$K_0 = \frac{\sum M_y}{\sum M_0} = \frac{GH_G + E_y H_{E_y}}{E_x H_{E_x}} \geqslant [K_0] \qquad (8.17)$$

式中：H_{E_y} 为土压力的垂直分力 E_y 对墙趾 o 点的力臂，m；H_{E_x} 为土压力的水平分力 E_x 对墙趾 o 点的力臂（$H_{E_x} = H_{E_a}$），m；H_G 为墙身重力 G 对墙趾 o 点的力臂，m；K_0 为抗倾覆稳定系数；$[K_0]$ 为抗倾覆要求安全系数；$\sum M_y$ 为各力系对墙趾的稳定力矩之和，kN/m；$\sum M_0$ 为各力系对墙趾的倾覆力矩之和，kN/m。

$$H_G = \frac{\frac{1}{2}H\tan\alpha H \left(\frac{2}{3}H\tan\alpha + B_1 + \frac{1}{3}H\tan\alpha\right) + (B_1 - H\tan\alpha)H\left(H\tan\alpha + \frac{B_1 - H\tan\alpha}{2}\right)}{B_1 H}$$

$$= \frac{B_1 + H\tan\alpha}{2} \qquad (8.18)$$

$$H_{E_y} = B_1 + H_{E_x}\tan\alpha = B_1 + \frac{(H+3h_1)H}{3(H+2h_1)}\tan\alpha \qquad (8.19)$$

③ 墙底偏心距分析。

$$e' = \frac{B_1}{2} - \frac{\sum M_y - \sum M_0}{N} = \frac{B_1}{2} - \frac{GH_G + E_y H_{E_y} - E_x H_{E_x}}{G + E_y} \leqslant \frac{B_1}{6} \quad (8.20)$$

④ 基底偏心距 e 和基底应力分析。

下面计算基础的高度和底部宽度,如图 8.9 所示。

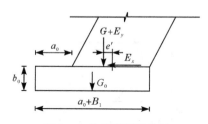

图 8.9　基础断面示意图

$$e = \frac{a_0 + B_1}{2} - \frac{(G + E_y)\left(a_0 + \frac{B_1}{2} - e'\right) + G_0 \frac{a_0 + B_1}{2} - E_x b_0}{G + E_y + G_0} \leqslant \frac{a_0 + B_1}{6} \quad (8.21)$$

$$\sigma_{max} = \frac{G + E_y + G_0}{a_0 + B_1} + \frac{6(G + E_y + G_0)e}{(a_0 + B_1)^2} \leqslant k_f [\sigma] \quad (8.22a)$$

$$\sigma_{min} = \frac{G + E_y + G_0}{a_0 + B_1} - \frac{6(G + E_y + G_0)e}{(a_0 + B_1)^2} \geqslant 0 \quad (8.22b)$$

式中:b_0 为基础的高度,m;σ_{max} 为基础底面的最大压应力,kN/m;σ_{min} 为基础底面的最小压应力,kN/m;$[\sigma]$ 为修正后地基土的容许承载力,kPa;k_f 为地基土容许承载力提高系数。

由式(8.16)得

$$B_{11} = \frac{E_a [\cos(\delta + a) [K_c] - \mu \sin(\delta + \alpha)]}{\mu \gamma_1 H} \quad (8.23a)$$

由式(8.17)得

$$B_{12} = \frac{\sqrt{\left(E_y + \frac{\gamma_1 H^2 \tan\alpha}{2}\right)^2 - \frac{2\gamma_1 H^2 (H + 3h_1)(E_y \tan\alpha - E_x [K_0])}{3(H + 2h_1)}} - \left(E_y + \frac{\gamma_1 H^2 \tan\alpha}{2}\right)}{\gamma_1 H}$$

$$(8.23b)$$

取 B_{11} 和 B_{12} 的较大值作为 B_1 的进一步取值。再取 B_1 的初值和 B_1 的进一步取值的较大值作为不考虑拉筋作用时墙身宽度 B_1 的设计值。

最后,根据式(8.20)、式(8.21)、式(8.22a)、式(8.22b),对墙底偏心距、基底偏心距和基底应力进行验算,若不满足,则增大 B_1 值,直到满足要求为止。

2) 考虑拉筋作用

分别从控制墙身变形和保证墙身稳定性出发来设计墙身宽度,并取两者中的较大者。

（1）墙背土压力的确定。

与不考虑拉筋作用时的墙背土压力的情况相同。

（2）从控制墙身变形出发，对 B_1 进行初步分析。

因为共布设了 n 层拉筋，将墙身分成了 n 段，所以将墙身离散为 n 个两端铰接的简支梁进行分析，分析模式如图 8.10 所示。

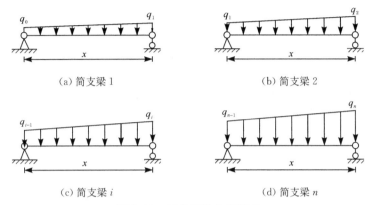

（a）简支梁 1　　　　　　　　　　（b）简支梁 2

（c）简支梁 i　　　　　　　　　　（d）简支梁 n

图 8.10　墙身简化分析模式

因为拉筋等间距布设，而简支梁 n 受力最大，变形也最大，所以以简支梁 n 的变形量不超过墙宽的 1.5% 来初步确定墙身宽度 B_1(m)。又因为拉筋共布设 n 层，间距均为 x，所以有

$$H=nx \tag{8.24}$$

综上可得

$$q_i=q_0+\frac{i}{n}(q_n-q_0), \quad i=0,1,2,\cdots,n \tag{8.25}$$

同样，根据叠加原理，梁 n 的最大挠度 f 发生在其跨中截面处，且

$$f=\frac{5q_{n-1}x^4}{384EI}+\frac{5(q_n-q_{n-1})x^4}{768EI}=\frac{5\gamma K_a\cos(\delta+\alpha)\left[2(H+h_1)-x\right]x^4}{64EB_1^3}\leqslant 0.015B_1 \tag{8.26}$$

可推出

$$B_1\geqslant\sqrt[4]{\frac{125\gamma K_a\cos(\delta+\alpha)\left[2(H+h_1)-x\right]x^4}{24E}} \tag{8.27}$$

可见，$B_1=f(x)$ 或 $B_1=f(n)$。

（3）从墙身稳定出发，对 B_1 进行进一步分析，如图 8.11 所示（θ 为破裂角）。

根据以下三条假定：

① 各层拉筋的锚固区长度相等，均为 L_m。

② 各层拉筋的拉力设计值由其抗拔力决定。

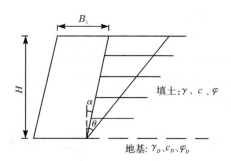

图 8.11　破裂面示意图

③ 将锚固区的土工格室加筋体视为均匀等代层,与填土之间的抗拔摩擦系数为 f^*(由试验确定)。

下面求各层拉筋的极限抗拔力:

$$S_i = 2\sigma_i f^* L_m \tag{8.28}$$

式中:S_i 为第 i 层拉筋的极限抗拔力,kN;σ_i 为作用在第 i 层拉筋上的法向应力,kPa。

因此,各层拉筋的拉力设计值 T_i 为

$$T_i = \frac{S_i}{[K_f]} = \frac{2\gamma(i-1)xf^* L_m}{[K_f]}, \quad i = 1, 2, \cdots, n \tag{8.29}$$

式中:$[K_f]$ 为抗拔稳定要求安全系数。

墙身受力如图 8.12 所示,图中各符号意义同前。

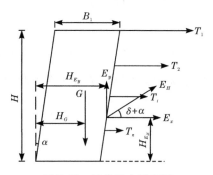

图 8.12　墙身受力示意图

对于墙体稳定破坏,考虑两部分阻力:挡墙本身提供的阻力和拉筋提供的阻力。

① 抗滑稳定性分析。

$$K_c = \frac{\mu N + \sum_{i=1}^{n} T_i}{E_x} = \frac{\mu(G + E_y) + \sum_{i=1}^{n} T_i}{E_x} \geqslant [K_c] \tag{8.30}$$

② 抗倾覆稳定性分析。

$$K_0 = \frac{\sum M_y}{\sum M_0} = \frac{GH_G + E_y H_{E_y} + \sum_{i=1}^{n} T_i (n-i+1)x}{E_x H_{E_x}} \geqslant [K_0] \quad (8.31)$$

③ 墙底偏心距分析。

$$e' = \frac{B_1}{2} - \frac{\sum M_y - \sum M_0}{N}$$

$$= \frac{B_1}{2} - \frac{GH_G + E_y H_{E_y} + \sum_{i=1}^{n} T_i (n-i+1)x - E_x H_{E_x}}{G + E_y} \leqslant \frac{B_1}{6} \quad (8.32)$$

④ 基底偏心距和基底应力分析。

下面计算基础的宽度和高度,如图 8.13 所示。

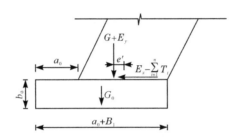

图 8.13　基底偏心距和基底应力计算图

$$e = \frac{a_0 + B_1}{2} - \frac{G_0 \dfrac{a_0 + B_1}{2} + (G + E_y)\left(a_0 + \dfrac{B_1}{2} - e'\right) - \left(E_x - \sum_{i=1}^{n} T_i\right) b_0}{G + E_y + G_0}$$

$$\leqslant \frac{a_0 + B_1}{6} \quad (8.33)$$

$$\sigma_{\max} = \frac{G + E_y + G_0}{a_0 + B_1} + \frac{6(G + E_y + G_0)e}{(a_0 + B_1)^2} \leqslant k_f [\sigma] \quad (8.34a)$$

$$\sigma_{\min} = \frac{G + E_y + G_0}{a_0 + B_1} - \frac{6(G + E_y + G_0)e}{(a_0 + B_1)^2} \geqslant 0 \quad (8.34b)$$

式中:e 为基底偏心距,m。

由式(8.30)得

$$B_{11} = \frac{[K_c]E_x - \dfrac{n(n-1)\gamma x f^* L_m}{[K_f]} - \mu E_y}{\mu \gamma_1 H} = \frac{[K_c]E_x - \dfrac{H\left(\dfrac{H}{x}-1\right)\gamma f^* L_m}{[K_f]} - \mu E_y}{\mu \gamma_1 H}$$

$$(8.35)$$

由式(8.31)得

$$B_{12} = \frac{\sqrt{\left(\dfrac{\gamma_1 H^2 \tan\alpha}{2} + E_y\right)^2 - 2\gamma_1 H \left[E_y H_{E_x}\tan\alpha - E_x H_{E_x}\left[K_0\right] + \dfrac{\gamma H L_m (H^2 - x^2)}{3x\left[K_f\right]}\right]}}{\gamma_1 H}$$

$$-\frac{\dfrac{\gamma_1 H \tan\alpha}{2} + E_y}{\gamma_1 H} \tag{8.36}$$

取 B_{11} 和 B_{12} 的较大值作为 B_1 的进一步取值。再取 B_1 的初值和 B_1 的进一步取值的较大者作为考虑拉筋作用时墙身宽度 B_1 的设计值。

最后,根据式(8.32)、式(8.33)、式(8.34a)和式(8.34b),对墙底偏心距、基底偏心距和基底应力进行验算,若不满足,则增大 B_1 值,直到满足要求为止。

2. 柔性挡墙整体滑动稳定性分析

设拉筋的长度不超过可能发生的滑动面,如图 8.14 所示,可以用普通的圆弧法计算。

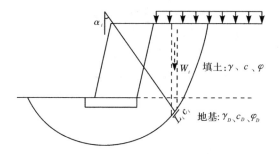

图 8.14　圆弧滑动面条分法验算示意图

$$K_s = \frac{\sum (c_i L_i + W_i \cos\alpha_i \tan\varphi_i)}{\sum W_i \sin\alpha_i} \geqslant \left[K_s\right] \tag{8.37}$$

式中: c_i 为第 i 条块滑动面上的黏聚力,kPa; L_i 为第 i 条块滑动面上的弧长,m; W_i 为第 i 条块自重及其荷载重,kN; φ_i 为第 i 条块滑动面上土的内摩擦角,(°); α_i 为第 i 条块滑动弧的法线与竖直线的夹角,(°)。

3. 沉降分析

地基土因墙身自重及其他荷载引起的沉降,尤其是不均匀沉降必须控制在容许范围内。在预计有较大不均匀沉降的地段,可把挡墙在构造上分为若干段,段间设置沉降缝,尤其是与桩基、桥台及涵洞等的连接部分应加设沉降缝。挡墙地基的沉降计算方法和其他建筑物的计算一样,按浅基础沉降和填土沉降计算方法(一般采用分层总和法)来进行估算。

4. 路堤式柔性挡墙的设计方法

与路肩式柔性挡墙的设计方法基本相同,只是计算墙背主动土压力时采用式(8.9),具体设计方法在这里不再论述。

5. 土工格室生态柔性挡墙设计步骤

土工格室生态柔性挡墙的设计步骤如下:

(1) 测定填料的指标和界面上的内摩擦角。

(2) 设定墙身高度、加筋间距。

(3) 根据式(8.27)进行墙身宽度的初步设计。

(4) 根据式(8.35)和式(8.36)对墙身宽度进行进一步设计,得到墙身宽度 B 和加筋锚固长度 L_m 的关系。设定加筋锚固长度 L_m,得到墙身宽度设计值。

(5) 根据式(8.32)～式(8.34),对墙底偏心距、基底偏心距和基底应力进行验算。

(6) 对墙身抗剪进行验算。

8.4.2　施工工艺及质量控制

1. 施工工艺

(1) 购进的土工格室材料必须有出厂合格证和检测报告,每 5000m² 应随机抽样品进行强度指标试验,结果需满足设计要求。

(2) 土工格室生态柔性挡墙施工前,先对基础整平;对土层要分层压实,压实系数 $K \geq 0.90$。

(3) 生态柔性挡墙施工与路基施工同步进行,铺设土工格室时,要先完全张拉开土工格室,并固定四周,验收合格后方能填料,格室在铺料前,严禁机械设备在其上行驶。

(4) 挡墙格室填料要求颗粒大小均匀,最大粒径不得大于 5cm。每层填料虚填厚度不大于 30cm,但不宜小于 25cm,填料整平后方可进行碾压。

(5) 土工格室固定锚钉应采取防锈措施,墙面空档中要种植适宜于当地环境要求的草籽,同时应加强早期养护,若发现大面积生长不良,应及时补种。

(6) 施工期间应做好临时排水措施。

土工格室生态柔性挡墙施工工艺流程如图 8.15 所示。

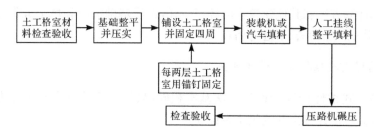

图 8.15　土工格室生态柔性挡墙施工工艺流程

2. 质量控制

（1）生态柔性挡墙每层土工格室结构层以压实度和平整度指标进行检查验收。压实度指标必须满足设计要求，平整度要求同一结构层高度相差不超过 2cm。

（2）坚持施工过程的全方位监理，每道工序都必须检查验收，合格后方可进行下一工序的施工。

8.5　土工格室柔性挡墙工程性状数值模拟

应用 MARC 软件，通过模拟土工格室柔性挡墙墙体、加筋层与填土的相互作用，对柔性挡墙墙背的位移和应力性状进行分析。

8.5.1　模型建立

1. 计算参数

计算模型如图 8.16 所示，H_1 为墙高（坡度为 1∶0.25），取 10m；H_2 为地基层厚度，取 3 倍墙高，为 30m；L_1 取 3 倍墙高，为 30m；L_2 取一幅路宽，为 26m。加筋层在墙顶处为 10m，以下几层按破裂角递减。

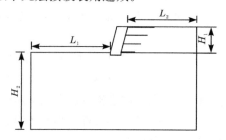

图 8.16　柔性挡墙工程性状数值模拟计算模型

边界条件如图 8.17 所示，Ⅰ-Ⅰ断面布置均布荷载(墙顶处除外)；Ⅱ-Ⅱ、Ⅲ-Ⅲ断面水平位移 $X=0$；Ⅳ-Ⅳ断面水平位移 $X=0$，竖向位移 $Y=0$。

计算区域及相关计算参数：计算区域分为墙身、加筋体、墙后填土、地基。结合试验及有关资料确定相关计算参数，见表 8.2。

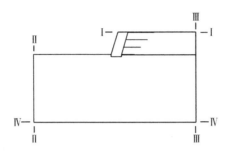

图 8.17　柔性挡墙工程性状数值模拟边界条件

表 8.2　柔性挡墙工程性状数值模拟相关计算参数

计算参数	墙身	加筋体	墙后填土	地基
弹性模量 E/MPa	60	200	30	20/60
泊松比 μ	0.25	0.25	0.35	0.35
重度 γ/(kN/m³)	17	17	17	17
黏聚力 c/kPa	60	60	30	30
内摩擦角 φ/(°)	40	40	25	25

2. 计算处理

1) 加筋层与墙体的接触

考虑到实际工程中，加筋层与墙体是整体施工的，两者之间连接牢固。因此，在计算中将两者视为一个整体，在 MARC 程序中采用 sweep 命令将两处单元结合成连续的整体，协调变形，共同受力。这样土工格室加筋层就相当于连接于墙体的一块悬臂板，起分担土压力的作用。

2) 加筋层、墙体与墙后填土接触面的处理

MARC 软件对接触面的处理主要有两种方式：①在界面上设置间隙-摩擦单元；②按接触问题处理。第一种方法需要的计算参数较多，难以合理地确定，且定义间隙-摩擦单元较为复杂，因此在计算中采用第二种方法，即通过定义接触体和接触表来描述物体间的接触关系。

把墙体与墙后填土、地基以及加筋层与墙后填土之间用接触(contact)定义，通过定义分离力，模拟加筋层与下部填土脱空的情况。同时采用黏-滑模型描述墙

体、加筋层与填土之间的摩擦作用。

8.5.2　挡墙变形性状

1. 墙背位移

在挡墙的计算中,最令人关注的变形特性就是挡墙墙背的位移[144]。墙背位移与墙背土压力关系密切,它直接决定了墙背土压力的分布形态。由于生态柔性挡墙为柔性挡墙,在墙背土压力的作用下,墙体除了发生整体位移之外,还发生较大的挠曲变形(这将减小墙体的整体位移,增大墙背位移,减小墙背土压力),墙背位移沿墙背呈非线性分布。

1) 墙背位移的一般特征

图 8.18 为有无加筋层情况下生态柔性挡墙的墙背位移曲线,从图中可知:

(1) 由于生态柔性挡墙为柔性挡墙,在墙背土压力的作用下,墙背位移沿墙背呈非线性分布,墙体除了发生整体位移之外,还存在较大的墙体挠曲变形。

(2) 墙背最大位移点随荷载的增加而逐渐上移。

(3) 在自重荷载及外部均布荷载较小的情况下,距墙顶 4m 范围内墙背位移为正,即墙身在自重荷载作用下呈绕墙身上部某点刚体转动,墙身在此范围内压向土体。

(4) 在荷载较小时,加筋与非加筋墙背位移相差不大,随着上覆荷载的增大,加筋的墙背位移明显小于未加筋的墙背位移。说明在小荷载时,土压力主要由墙体承担,随着荷载的增加,加筋层的抗拉性能得到发挥,墙体与筋层作为一种体系共同承担土压力。同时土工格室的加筋作用也限制了墙体内部填土的侧向位移。

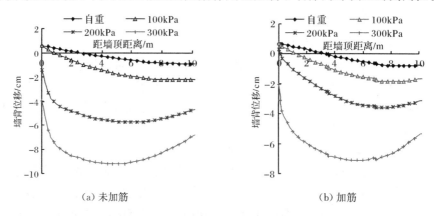

(a) 未加筋　　　　　　　　(b) 加筋

图 8.18　有无加筋层情况下生态柔性挡墙的墙背位移曲线

2) 墙宽对墙背位移的影响

墙体的墙背位移包括墙体的刚体位移(平动和转动)、墙体在外荷载作用下的剪切和挠曲变形。而在墙高与墙体坡度一定的情况下,不同的墙宽表征着墙体不同的自重及抗弯刚度,因此墙背宽度的变化必然引起外荷载作用下墙背位移的变化。图 8.19 所示为不同墙宽下无加筋生态柔性挡墙的墙背位移曲线。从图中可以看出:

(1) 在相同荷载下,墙背位移基本随墙宽的增加而减小(以负向位移为准)。

(2) 在荷载较小的情况下,不同墙宽的生态柔性挡墙在墙顶和墙趾处的位移几乎一致,差别在于曲线的中部(墙宽 2m 墙背位移最大)。这说明三者的位移差别主要是由墙体挠曲程度不同引起的。

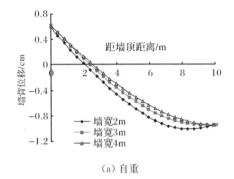

(a) 自重

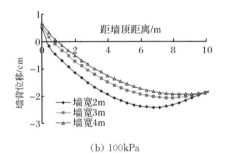

(b) 100kPa

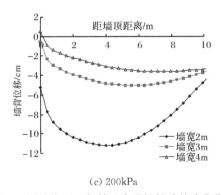

(c) 200kPa

图 8.19　不同墙宽下无加筋生态柔性挡墙的墙背位移曲线

墙宽越小,墙体的柔性越大;荷载越大,墙体的柔性特征就表现得越明显。实际工程中往往不允许墙体有过大的位移,因此有必要采取合适的方法在考虑墙体柔度的情况下校核墙背的位移,以满足工程实际需要。

3) 加筋间距对墙背位移的影响

加筋层的存在限制着墙背位移的发生。在墙高一定的情况下,加筋间距的增加(减小)意味着加筋率的减小(增加),这样就导致加筋体抑制墙后填土变形的能力减小(增加),从而使挡墙墙背位移增大(减小)。同时,加筋间距的变化在一定程度上改变了土工格室生态柔性挡墙的受力结构,这也会引起墙背位移的变化。图 8.20 所示为墙宽 3m 的生态柔性挡墙在不同加筋间距下的墙背位移曲线。从图中可以看出:

(1) 墙背位移随加筋间距的减小而减小,这体现了加筋的效果。

(2) 加筋层对墙背位移的限制效果随外荷载的增加而渐趋明显,这说明加筋层对墙背位移的限制作用是逐步发挥的。

(3) 在荷载较小的情况下,加筋间距 3.3m 与无加筋的墙背位移几乎一致,加筋间距 2m 与加筋间距 1m 的墙背位移几乎一致。这表明土工格室生态柔性挡墙

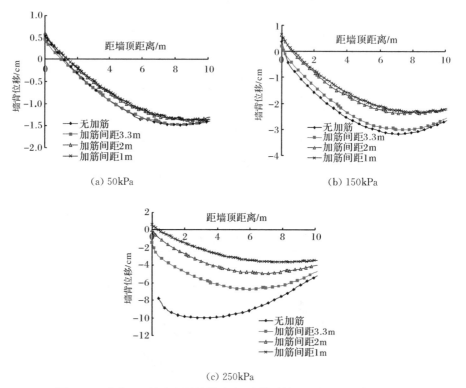

(a) 50kPa　　　　　　　　　　　　　(b) 150kPa

(c) 250kPa

图 8.20　墙宽 3m 的生态柔性挡墙在不同加筋间距下的墙背位移曲线

在工作状态(不是破坏状态)下加筋间距有最优值,这是值得注意的问题,当然还要和其他(如施工)情况相结合考虑。

4) 地基刚度对墙背位移的影响

图 8.21 给出了墙高 10m、墙宽 4m 的无加筋生态柔性挡墙在不同地基刚度(20MPa 和 60MPa)下的墙背位移曲线。从图中可以看到:

(1) 墙背位移随地基刚度的增大而减小。

(2) 地基刚度低的墙背位移曲线斜率变化比地基刚度大的墙背位移曲线斜率变化小。

以上两点反映了由于地基刚度变化带来的地基对挡墙墙趾处约束强度的变化。在地基刚度较大时,地基对挡墙墙趾处的约束较大,这限制了墙体的刚性位移,使生态柔性挡墙在墙背土压力的作用下发生较大的挠曲变形,体现出柔性挡墙的性质。而在地基刚度较小时,则由于地基对墙趾的约束小,墙体的位移更多地体现出刚性转动的性质,墙背位移曲线的斜率变化较小,表现出刚性挡墙的特征。这个现象提示我们在确定墙体刚度时,除了墙体的宽高比之外,还应考虑地基刚度的影响,进行综合分析。

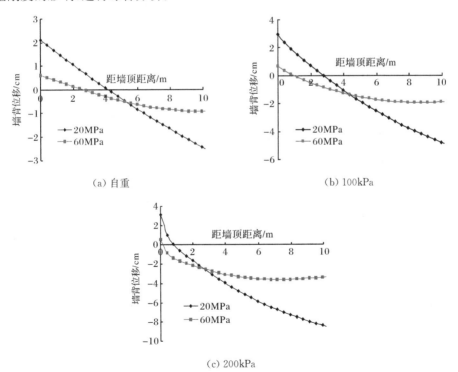

图 8.21　墙高 10m、墙宽 4m 的无加筋生态柔性挡墙在不同地基刚度下的墙背位移曲线

2. 加筋层位移

土工格室加筋层是土工格室生态柔性挡墙的一个重要特点[145]，它是由一定高度(本节为 20cm)的土工格室张开，内填砂石料而形成的，所以具有模量高、强度大的特点。另外，加筋层与墙体一体施工，两者成为一个整体共同工作，这样生态柔性挡墙加筋层就表现出与其他加筋材料(如加筋带、土工格栅等)有很大不同的工作机理，这些都在加筋层的位移曲线中有所反映。为了说明问题，本节以墙宽 4m、加筋间距 3.3m 挡墙的 4 个加筋层为例进行分析。

1) 加筋层的分布

加筋层的分布如图 8.22 所示。

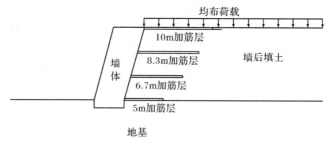

图 8.22　加筋层分布

2) 加筋层的水平位移

加筋层的水平位移如图 8.23 所示。从图中可以看出，土工格室生态柔性挡墙加筋层的水平位移有以下几个特征：

(1) 加筋层水平位移随外荷载的增加而增大，加筋层随外荷载的增加向外整体移动。

(2) 同一加筋层上水平位移在与墙体连接处位移最大，然后沿加筋层长度方向逐渐减小。随着荷载的增加，两者的位移差也逐渐加大。其原因是在荷载较大的情况下，加筋层发生了较大的挠曲变形，加筋层与墙后填土的相互作用力阻止了加筋层向墙体方向的位移。

(3) 加筋层的水平位移分布与其所在的位置有关。长度 10m 的加筋层(位于墙体顶部)水平位移在荷载较小的情况下为正，即加筋层的位移方向为填土方向，此时加筋层起的作用是限制墙体面向墙后填土的位移。

3. 路基的位移场

图 8.24 给出了墙高 10m、墙宽 4m、加筋间距 3.3m、最大加筋长度 10m 的土工格室生态柔性挡墙在不同荷载下的水平位移场。从图中可以看出土工格室生

态柔性挡墙水平位移场分布的一些规律。

（1）在荷载较小的情况下，整个结构的最大位移发生在生态柔性挡墙的下方。随着荷载的增大，最大水平位移区域向上移动，并进入墙体，最大水平位移由开始发生在地基中转变为发生在墙体中。在荷载进一步加大时，最大水平位移区域在墙体中由底端上移到墙顶，此时生态柔性挡墙发生倾覆破坏。

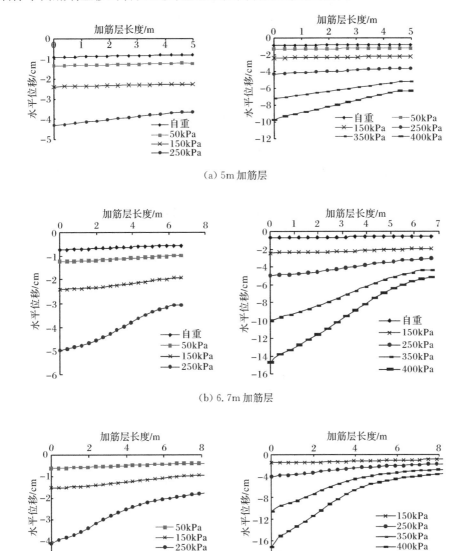

（a）5m 加筋层

（b）6.7m 加筋层

（c）8.3m 加筋层

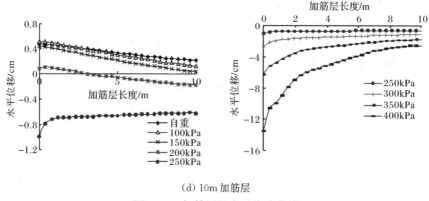

(d) 10m 加筋层

图 8.23　加筋层的水平位移曲线

（2）加筋层的存在扰乱了结构位移场的分布。在加筋层存在的区域，结构位移等值线发生较大的扭曲。加筋层的存在有效地减小了加筋层上部填土向外的水平位移，这说明加筋层通过限制墙后填土的位移发挥着加筋作用。

（3）在荷载很大时，整个结构的位移集中在挡墙的墙体及墙后局部区域内，说明此区域内发生局部坍塌，此时生态柔性挡墙发生破坏，失去承载能力。

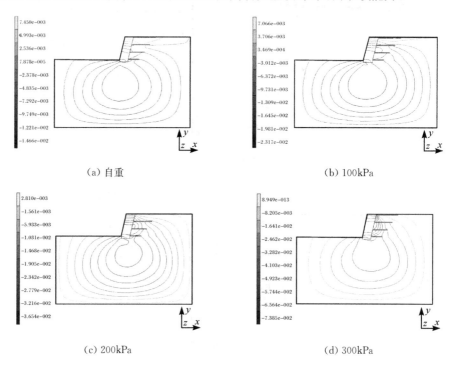

　(a) 自重　　　　　　　　　　　　　　　(b) 100kPa

　(c) 200kPa　　　　　　　　　　　　　(d) 300kPa

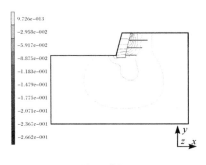

(e) 400kPa

图 8.24   不同荷载下生态柔性挡墙水平位移场(单位:m)

8.5.3   挡墙受力性状

1. 墙背受力性状

1)墙背应力的分布特征

图 8.25 给出了有无加筋情况下生态柔性挡墙墙背应力曲线。从图中可以看出:

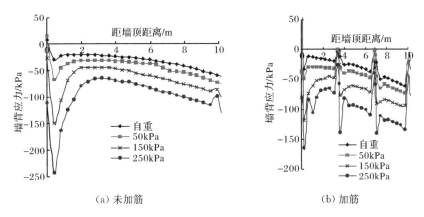

图 8.25   有无加筋情况下生态柔性挡墙墙背应力曲线

(1)无加筋生态柔性挡墙在自重荷载下墙背应力沿墙背呈凹曲线分布,两头略大,中间略小。这说明生态柔性挡墙墙背在土压力的作用下发生变形,从而减轻了所承受的墙背土压力。

(2)随着荷载的增加,墙背应力相应增加,但距墙顶约 0.5m 处墙背应力增量最大。荷载增加到 150kPa 以后,该处的墙背应力最大。

(3)加筋生态柔性挡墙墙背应力也在总体上大致遵循上述两条规律。

（4）加筋生态柔性挡墙加筋层之间的墙背应力曲线顶部有局部压应力增大的现象,其原因是加筋层与墙体连接部位处由于加筋层的转动而使墙体受压。

2）墙宽对墙背应力的影响

图 8.26 给出了不同墙宽下无加筋生态柔性挡墙的墙背应力曲线。从图中可以看出：

（1）相同荷载下,生态柔性挡墙的墙背应力基本上随墙宽的增加而增大,这是由于墙背位移随墙宽的增加而减小。

（2）墙宽 4m 时墙趾处的墙背应力比墙宽 3m 时小,其原因是墙宽 4m 的生态柔性挡墙发生刚体转动,导致其墙趾处的位移比墙宽 3m 的挡墙大。

（3）当荷载加到 200kPa 时,墙宽 2m 的挡墙的墙背应力异常增大,其原因与此时墙宽 2m 的挡墙已接近破坏,墙背填土中的塑性区大量开展有关。

3）加筋间距对墙背应力的影响

图 8.27 给出了墙宽 3m 的生态柔性挡墙在不同加筋间距下的墙背应力曲线。从图中可以看到：

（1）在相同荷载下,不同加筋间距的生态柔性挡墙墙背应力整体相差不大,只是在局部区域由于加筋层的存在,墙背应力发生少许变化。

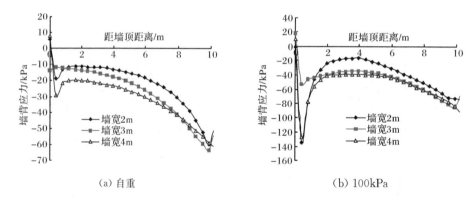

（a）自重　　　　　　　　　　　　　（b）100kPa

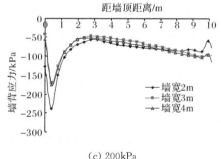

（c）200kPa

图 8.26　不同墙宽下无加筋生态柔性挡墙的墙背应力曲线

（2）在荷载较大（200kPa）时，墙顶处加筋挡墙墙背应力明显小于无加筋的情况，这说明挡墙顶部的加筋层起到了限制挡墙压向填土的位移的作用。

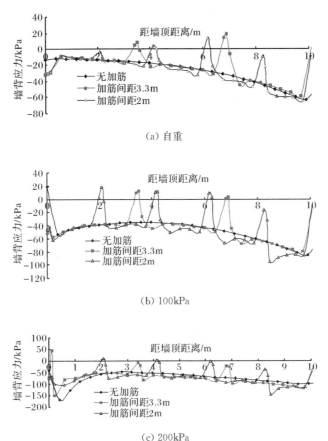

(a) 自重

(b) 100kPa

(c) 200kPa

图 8.27　墙宽 3m 的生态柔性挡墙在不同加筋间距下的墙背应力曲线

以上两点说明在相同的荷载下，加筋生态柔性挡墙的墙背应力与无加筋生态柔性挡墙的墙背应力整体上相差较小，加筋层只在局部区域内改变了墙背应力的分布形态。而从前面位移的比较中可知，在荷载较大时，加筋挡墙的位移明显小于无加筋挡墙，而挡墙在土压力作用下的墙背位移越小，墙背土压力越大。可知这是由于加筋挡墙的加筋层通过限制土体的侧向变形及作为墙体结构的一部分分散墙背力系，从而分担了一部分土压力。

4）地基刚度对墙背应力的影响

图 8.28 为墙高 10m、墙宽 4m 的无加筋生态柔性挡墙在不同地基刚度下的墙背应力曲线。从图中可以看到：

（1）在荷载较小的情况下，在地基刚度小的墙顶处墙背应力大，而在墙趾处则相反。究其原因,地基刚度较小时生态柔性挡墙的墙体沉降较大,导致墙体(有一定坡度)上部墙后填土的压力也大;而在墙趾处由于地基刚度大,地基对墙体下部的约束力大,导致墙体下部的墙背位移减小,从而使该处的墙背应力增大。

　　(2)在荷载较大(达到 200kPa)时,不同地基刚度下的墙背应力曲线几乎重合。这是因为在荷载较大的情况下,地基及墙后填土的沉降较大,墙趾处的水平位移也较大,从而削弱了地基刚度不同造成的墙体在竖直和水平方向位移差异的影响,使两者的墙背应力曲线重合。

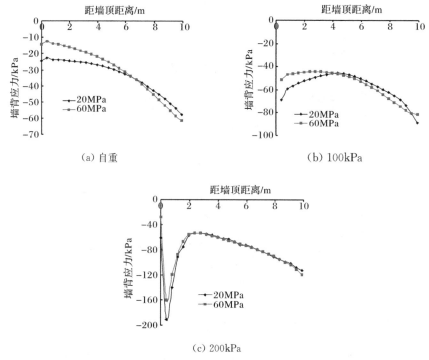

(a) 自重　　　　　　　　　　　　　　(b) 100kPa

(c) 200kPa

图 8.28　墙高 10m、墙宽 4m 的无加筋生态柔性挡墙在不同地基刚度下的墙背应力曲线

2. 加筋层的受力性状

　　土工格室生态柔性挡墙的边界条件、受力结构复杂,尤其是与墙体连接、与填土接触的加筋层。以土工格室作为加筋层的结构,其作用机理还有待进一步研究。对此本节有以下两个基本观点:

　　(1)以土工格室这样高强度、高模量并且有一定厚度的材料作为加筋层,其抗弯和抗剪作用不可忽略。

　　(2)当土工格室加筋层与墙体结合良好时,应注意到加筋层与墙体作为一个

整体共同受力而表现出来的与其他一般加筋材料(如加筋带等)不同的特点。

由于加筋层受力性状复杂,影响因素众多,不易分析。下面仅对墙高 10m、墙宽 4m、加筋间距 3.3m、最大加筋长度 10m 的土工格室生态柔性挡墙的 6.7m 加筋层的水平应力进行分析,如图 8.29 所示。

从图中可以看到,加筋层的水平应力变化大致可分为以下三个阶段:

(1) 第一阶段为弯曲阶段。此时外荷载水平较低,加筋层水平应力为正(拉应力),随荷载的增加,拉应力整体水平先增加后减小。但其共同特征是拉应力最大值出现在加筋层中部,而不是加筋层顶部。这说明此时由于生态柔性挡墙墙体水平位移较小,加筋层在自重及小荷载水平下主要发生弯曲变形,产生的拉应力主要是加筋层受弯引起的,这体现了加筋层的抗弯能力。

(2) 第二阶段为受拉和弯曲混合阶段。此时外荷载加大,加筋层水平应力出现两个峰值,一个在加筋层顶部,另一个在加筋层中间。这说明在此时的外荷载水平下,生态柔性挡墙的水平位移加大,对加筋层的拉力也加大,从而使加筋层在受弯产生拉应力的同时在顶部产生较大的由受拉引起的拉应力,这同时体现了加筋层的抗弯和抗拉能力。

(3) 第三阶段为受拉阶段。此时外荷载进一步加大,加筋层的水平应力随荷载的增加进一步减小,但其分布形态是一致的,加筋层的最大拉应力处只发生在

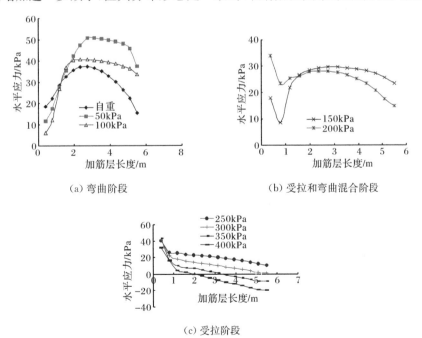

(a) 弯曲阶段　　　　　　　　　　　　　(b) 受拉和弯曲混合阶段

(c) 受拉阶段

图 8.29　土工格室生态柔性挡墙加筋层水平应力曲线

加筋层顶部且沿加筋层长度方向递减趋势先快后慢。这说明此时由于生态柔性挡墙的位移进一步加大,墙体对加筋层的拉力也进一步加大,由此而产生的拉应力占据了主要地位,这体现出加筋层限制生态柔性挡墙墙体位移的加筋作用。

8.6　工程实例

8.6.1　工程概况

攀田高速公路某处边坡主要为强风化的花岗岩,强度较低,受地形影响,设计坡度较陡,在施工过程中局部路段产生坍塌,上部水稻田还存在渗水处理等问题。针对工程实际情况,通过多种防护方案的比选研究,最终决定在 K185＋910～K186＋010、K183＋915～K183＋945 段右线边坡采用土工格室柔性挡墙进行柔性防护,确保边坡稳定。

8.6.2　柔性挡墙设计

防护自治段全长 60m,根据现场地形情况,采用先修建高 2m 的刚性挡墙,其后采用厚 1.8cm 的水泥土处理,上部采用土工格室柔性挡墙防护方案,以确保土工格室柔性挡墙方案顺利实施。土工格室柔性挡墙断面如图 8.30 所示,挡板的尺寸为 30cm×40cm,土工格室的焊距为 40cm(等效直径为 25.5cm),高 10cm,壁厚 1.2mm,格室与挡板平面组间采用专用构件连接。边坡设计坡度为 1：1,墙厚2m,由于墙顶设计为机耕道,为了保证墙体的稳定性,防止不均匀沉降,采用隔层加长土工格的方式,经验算,挡墙的各项设计指标均满足要求。

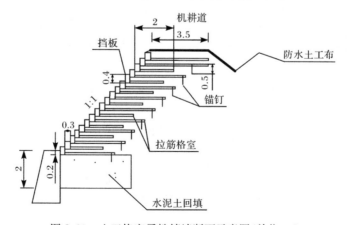

图 8.30　土工格室柔性挡墙断面示意图(单位:m)

8.6.3 柔性挡墙施工注意事项

采用土工格室分层铺筑的方法在实际施工中还存在一些问题,如在每层格室填料超填碾压后,铲除较困难,若不处理,则施工质量不易保证。基于这些问题,对土工格室做了一些改进,总体由面板和格室两部分组成,两部分通过专用构件连接在一起。施工时土工格室之间间隔一定距离,这样既保证了施工质量,又解决了超填碾压的铲除问题,图 8.31 给出了土工格室柔性挡墙施工过程,施工质量控制要求如下:

(1)挡板要按设计坡度要求布设好,布设时微向墙内侧倾斜 10°～15°,可防止填土后挡板向墙外侧倾斜。

(2)格室在填料前要先与挡板连接好,并充分张拉开,以便充分发挥格室的作用。

(3)填料时格室顶以上要保证足够的松铺厚度,防止碾压时,因厚度不足将格室压坏。

(4)碾压时应保证压实度达到 95% 以上,确保碾压质量。

(a) 格室与挡板的连接

(b) 单层铺设完毕

(c) 填土

(d) 挡墙完工远视图

图 8.31 土工格室柔性挡墙施工过程

8.6.4　柔性挡墙土压力测试

　　为获得土工格室柔性挡墙的力学性状,在墙背埋设土压力传感器,对墙背土压力进行长期监测,了解柔性挡墙墙背土压力的变化情况,为挡墙的实际工作性状及工程的效果评价提供依据。

　　土压力测试选定 3 个断面进行,分别为 K185+960、K185+955 和 K185+950断面,各断面均埋设 5 个压力盒,沿墙高均匀分布,土压力盒编号及埋设位置如图 8.32 所示。现场测试人员定期对测量数值进行观测记录,通过数据分析,可以得出对应位置上的土压力值及其随时间的变化趋势。

8.6.5　测试结果分析及评价

　　现场测试结果表明,挡墙施工完成三个月后,土压力基本趋于稳定,土压力沿

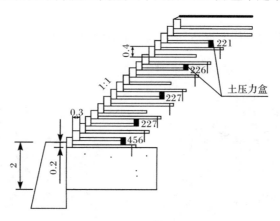

(a) K185+960 断面

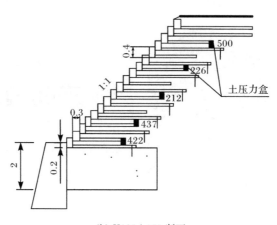

(b) K185+955 断面

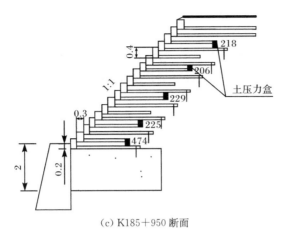

(c) K185+950 断面

图 8.32　土压力盒编号及埋设位置(单位:m)

挡墙高度分布曲线如图 8.33 所示。从图中可以看出,3 个测试断面的土压力测试结果存在较大的差异,K185+960 断面的土压力分布从墙顶向下逐渐增大,在接近墙底部时土压力急剧增大;K185+950 和 K185+955 断面的土压力分布曲线存在一定的波动性,最大土压力出现在接近墙底部的位置,在墙底部的土压力有减小的趋势。这种现象可能是现场施工条件所致,土压力测试结果受施工荷载及土压力盒埋设条件等因素的影响,此外,柔性挡墙在不同断面的施工条件和位移不可能完全相同,肯定存在一些差异,这也是可能导致测试结果差异的主要原因。

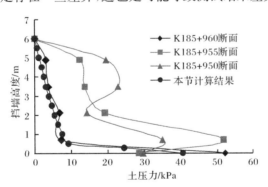

图 8.33　土压力沿挡墙高度分布曲线

结合现场实际情况,挡墙参数取值为:挡墙高度 $H=6$m,挡墙厚度 3m,坡度为 1:1,坡角 $\theta_1=\arctan 1=45°$,土体重度 $\gamma=18$kN/m^3,土体内摩擦角 $\varphi=30°$,黏聚力 $c=40$kPa,静止土压力系数 $K_0=0.3$,取变形分界点高度 $n=3$m。采用这些参数,应用上述土压力计算方法对墙背土压力进行计算,并将计算结果与测试结果进行比较,如图 8.33 所示。

　　从图中计算结果与测试结果的比较可以看出,计算结果与 K185＋960 断面的土压力测试结果基本吻合,偏差非常小。本章的计算方法是基于柔性挡墙墙脚不动,墙体发生鼓胀变形推导出来的,这只是柔性挡墙变形中具有代表性的一种情况,本章的计算方法只适用于这种变形情况下的土压力计算。实际中可能还存在墙体的其他变形模式,其土压力的分布情况和计算方法还有待进一步研究。比较结果表明,采用本章计算方法得到的土压力大小及分布情况在现实中存在实例,在特定变形情况下的计算结果与实际相符。

第9章 土工格室在路桥过渡段差异沉降控制中的应用

9.1 概　述

近年来,高等级公路发展迅猛,但是从已投入使用的高等级公路来看,仍存在一些问题,其中较为普遍的问题是:桥梁台后普遍存在搭板断裂及不均匀沉降,最终导致路桥过渡段跳车的产生,这种现象几乎在每条高速公路上都存在,只是数量多少和程度轻重的差别[146~148]。路桥过渡段跳车问题的存在,不仅影响行车的安全、速度、舒适及人们对高速公路的总体评价,影响公路使用性能和运输效益的发挥,同时也影响车辆的使用寿命,严重的可能导致交通事故的发生。此外,路桥过渡段跳车还会加速桥台、台背、桥头伸缩缝及接缝路面的破坏[149,150]。如果不及时养护,还会在桥台与台背部分出现更为严重的问题,养护期间此部分破坏的修复费用支出是比较大的。例如,沪嘉高速公路在建成一年后即开始进行桥头引道沉降处理,6 年共 5 次对大多数桥头进行了处理,工程总费用高达 982.6 万元。杭甬高速公路通车以来,桥头路面治理费用也十分惊人。在美国大约 25% 的路桥过渡段受到路桥过渡段跳车的影响,每年由此产生的维修费用预计在 1 亿美元以上。另外,基于高等级公路的特性要求,桥梁和通道数量较多,特别是在平原、河网和人口稠密的地区,几乎每隔 300~400m 就有一座桥梁或通道。因此路桥过渡段跳车已成为高等级公路营运中应该重视并急需解决的问题。

路桥过渡段跳车现象产生的直接原因是刚性桥台和柔性路堤在荷载的作用下刚度的较大差异而引起的显著差异沉降[151]。路桥过渡段跳车的表现形式有两种:一是桥头不设搭板时桥台与路堤衔接处的错台现象;二是桥头设置搭板时搭板路基端沉降引起的路桥过渡段纵坡变化。

路桥过渡段跳车现象主要是由桥台与其后填土路堤的沉降不均匀引起的,桥面板、桥台及其基础和台背路基及其基础的设计与施工都是引发问题的因素[152]。桥台沉降主要由地基沉降引起的,在设计时一般都考虑了桥跨结构对沉降的限制,因此在正常情况下其工后沉降量都很小。填土路堤沉降包括地基沉降和填土沉降,路堤沉降的原因是多方面的,一般来说,与地质水文条件(地下水位及软基的深度、厚度和性质)、路堤设计(高度、自重、材质及结构)及路堤的成型方式和成型时间有关。桥头路堤沉降在横断面和纵断面上都是不均匀的,纵断面上的不均匀沉降是影响行车条件的主要原因。

　　根据各地关于路桥过渡段跳车病害的调查资料,引起桥头路堤非均匀沉降的原因主要有以下几个方面。

　　1. 天然地基的沉降

　　桥涵通常位于沟壑地段,路基地形起伏较大,地下水位一般较高,且多属软土,在其上填筑路基,极易产生沉陷。此外,天然地基的固结在自身的重力作用下已基本完成,但在其上修筑路堤时,路堤填土成为附加荷载,从而使天然地基产生沉降变形。这种沉降变形的大小受路堤填土的土质和填土高度的影响,相同填土高度时,填土的重度越大,地基沉降变形也越大;相同填土重度时,填土高度越大,地基沉降变形也越大。

　　2. 台背填料引起路基压缩变形

　　台背填料通常都含有水分,存在孔隙,施工过程中采取的压实措施不可能将填料颗粒间的孔隙完全消除,在其自重及车辆荷载作用下,填料逐渐变密实,孔隙率逐渐降低,填料也随之产生压缩,在一定期限内将产生压缩变形。因此压缩变形主要取决于填料性质、施工条件及台前、台背防护工程的设置情况。一般透水性好的土、级配较好的砂石料,其压缩沉降小;施工符合工序,压实符合要求,压缩变形小;台前、台背设置有挡墙、护面墙等防护构造物时,其压缩变形也较小。

　　3. 设计不周引起的路基沉降

　　桥梁的造价往往占公路工程总费用的很大一部分,在山区公路尤为明显,因此在设计时往往考虑造价方面的因素而压缩跨径尺寸,大河面、大沟壑采用小跨径,使桥涵构造物尺寸偏小,甚至不到河面宽度的1/2,这往往造成桥头路堤过长、过高,而且大多处于排水不良、土质软弱的地基上;设计时未探明地基情况,对基底设计未做处理或处理不当,留下隐患;台前、台背防护工程设计不合理,受路堤填料的压力或推挤作用产生水平位移,引起桥头路基沉陷;为节省投资,就地取材,填料技术指标达不到工程要求,没经过处理就使用,其质量欠佳;桥台结构与路面的衔接考虑不周,设计不良,在其连接部位存在突变点或形成错台,导致跳车;对桥头路面水处理不良,使水沿接缝或裂缝下渗路基,产生病害。

　　4. 施工控制不严引起的路基工后沉降

　　在施工过程中没有严格按照规范要求施工,台背填土速度过快,压实不够,则工后可能产生较大沉降,且对台背挡墙等构造物产生的压力也大;台前护坡、挡墙等结构物砌筑不及时,引起土体滑移,影响压实效果,甚至危害桥基;台背及翼墙内侧填土,由于受施工作业面限制,工期紧及不易使用压实机具等因素,难以达到规定要求;对桥头沉陷病害缺乏足够的认识,没有严格控制好填料质量,未按分层填筑、分层碾压、分层检测三分法施工。这些因素都可能引起桥头路基工后产生较大的沉降。

9.1.1　沉降机理

路桥过渡段的沉降计算主要包括地基沉降和路基沉降两部分,常用分层总和法来计算。分层总和法是建立在一维变形假定上的一种计算地基最终固结沉降的常用方法,它是在地基压缩层范围内,按土的特性和应力状态的变化分成若干层,然后利用完全侧限条件下土的压缩性指标计算各分层的压缩量,最后求其总和。

分层总和法的一般计算公式为

$$S = \sum_{i=1}^{n} \frac{e_{0i} - e_{1i}}{1 + e_{0i}} h_i \tag{9.1}$$

式中:S 为最终固结沉降量;n 为压缩层内土层分层的数目;e_{0i} 为地基中各分层在自重应力作用下的稳定孔隙比;e_{1i} 为地基中各分层在自重应力和附加应力共同作用下的稳定孔隙比;h_i 为地基中各分层的原始厚度。

若采用压缩模量,则分层总和法计算最终固结沉降量的公式为

$$S = \sum_{i=1}^{n} \frac{\sigma_{zi}}{E_{si}} h_i \tag{9.2}$$

式中:E_{si} 为地基中各分层的压缩模量;σ_{zi} 为地基中各层中点处的附加应力。

按式(9.1)、式(9.2)均可计算最终固结沉降量。式(9.2)以压缩模量为主要参数,它是压缩曲线上应力 100~200kPa 内割线计算的系数与模量,在此范围以外的应力状态并不适用,可能会产生相当大的误差。如果压缩曲线近于直线或为了粗略估算才把 E_s 看成定值,其可取之处是比式(9.1)更加简单易算。路堤工后沉降量一般比较小,可用式(9.2)计算最终固结沉降量。地基的最终固结沉降量一般采用式(9.1)计算。

9.1.2　处治范围

路桥过渡段处理长度主要和桥台与路堤顶面的工后差异沉降量及不产生跳车的容许坡降有关。一般来说,差异沉降量小,其处理长度相应会短一些,反之亦然。据有关研究资料,当桥台与稳定段路基的坡度限制在 0.4% 时,就不会引起跳车的感觉。因此,过渡段长度 L_t 可按式(9.3)计算:

$$L_t = \frac{\Delta h}{\Delta i} \tag{9.3}$$

式中:L_t 为过渡段处理长度;Δh 为竣工后桥台与路堤的差异沉降量,规范容许工后沉降量为 10cm;Δi 为容许坡降,一般取 0.4%~0.6%。

按式(9.3)计算出的路桥过渡段长度为 16.7～25m,但实际上,路桥过渡段的不均匀沉降主要发生在台背 10m 左右的范围内。处理范围确定得过长,一方面在技术上比较困难,另一方面也不经济。因此路桥过渡段的处治长度确定在 5～12m 内比较适宜。

9.1.3　处治方法

发达国家高速公路起步较早,针对路桥过渡段跳车病害的主要方法是维修。同时,由于其高速公路的路堤填土高度较低、通道数量较少,且施工周期较长,所产生的工后沉降量较小,相应产生的危害就小。与发达国家相比,我国高速公路正处于飞速发展时期,施工周期短,施工条件恶劣。因此我国特殊的地理环境和现实因素决定了对路桥过渡段跳车的处治思路与方法不能采用发达国家的模式,对于新建公路应以预防措施为主[153～157]。国内很多科研机构和高等院校针对路桥过渡段跳车开展了大量研究,提出了很多新方法和新工艺,见表 9.1。

表 9.1　路桥过渡段跳车处治方法

处治思路	处治方法
减小路基压缩变形	提高路基填土的压实度
	换填材料(砂砾石、碎石、灰土等)
	挤密桩
	加筋(土工网等)
沉降过渡方法	桥头搭板
	渐变桩
	柔性桥台
减少地基沉降	地基处理(粉喷桩、钢渣桩、超载预压等)
	用轻质材料填筑路基[粉煤灰、聚苯乙烯泡沫塑料(EPS)和发泡珍珠岩等]
路面处理	预设反向坡度
	设置过渡段路面

9.2　土工格室楔形柔性搭板数值模拟

土工格室楔形柔性搭板作为一种新的处治方法,研究其处治跳车的作用性状、设计与施工方法及工程适用性十分必要。基于上述目的,首先应用 MARC 软件,不考虑具体的工程条件,以不同地基条件的桥头路堤作为研究对象,通过分析土工格室楔形柔性搭板布置后桥头路堤的位移和应力特征,研究楔形柔性搭板的作用性状;然后总结土工格室楔形柔性搭板的设计与施工方法;最后通过工程实例验证其工程适用性。

9.2.1　计算模型与参数

1. 计算模型的确定

由于桥头路堤引道一般都较高,许多桥头引道的填筑高度达 10m 左右,取 10m 作为计算深度。考虑到柔性搭板布置的长度和边界条件对计算结果的影响,取 30m 作为计算长度。其数值模拟计算模型如图 9.1 所示。

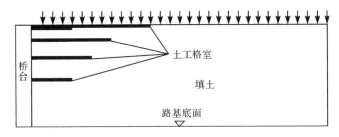

图 9.1　土工格室楔形柔性搭板数值模拟计算模型

2. 边界条件

边界条件(图 9.2):Ⅰ-Ⅰ、Ⅱ-Ⅱ断面 $X=0$;Ⅰ-Ⅰ断面柔性搭板固定于桥台上,所以其边界条件为 $X=0,Y=0$;Ⅲ-Ⅲ断面边力 $q=30\text{kN/m}$;Ⅳ-Ⅳ断面 $Y=\Delta$(Δ 为假定的地基沉降量)。

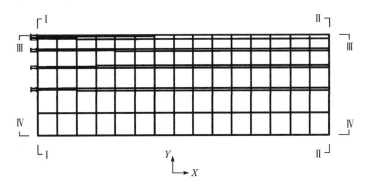

图 9.2　计算模型的边界条件示意图

9.2.2 数值模拟关键技术问题

1. 地基条件的模拟

路桥过渡段路基的沉降由路基填土的沉降和路基下地基的沉降两部分组成。对大多数路桥过渡段而言,路基下地基的沉降是路桥过渡段出现差异沉降的主要因素。因此要考察一种处治方法的适用性,实际上就是研究其消化路基下地基沉降变形的能力。在用 MARC 程序对楔形柔性搭板处理路桥过渡段跳车进行数值仿真分析时,也必须考虑到它对不同地基条件的适用性。因此如何比较真实地模拟地基的沉降变形,同时又能使计算方便、快速是十分关键的。

对地基沉降的模拟是通过在路基底部施加一个沉降量(Δ)的边界条件来实现的。对于弹性计算,Δ 一次施加和分级施加对计算结果没有影响。对于弹塑性计算,可以通过 MARC 的加载工况使 Δ 实现分级施加。

根据 JTG D30—2015《公路路基设计规范》,高速公路、一级公路的容许工后沉降在桥台与路堤相邻处不大于 10cm。因此,本节确定 Δ 的变化范围为 $0\sim$ 10cm,在以后的计算中,取比较有代表性的 Δ 值对不同地基条件下楔形柔性搭板的作用性状进行分析,并对其设计进行优化。

2. 土工格室复合体的处理

传统的加筋土是将具有较大变形模量、抗拉强度与黏着强度的加筋材料成层平铺埋置在填土结构中,构成一个加筋复合体。而土工格室加筋体不同于其他加筋土,在土工格室加筋结构中,筋材面与大主应力方向重合。土工格室与其中的填料共同作用,对填料提供较大的侧向约束作用,格室侧壁对填料产生向上的摩擦支承力,从而形成一个具有较大抗压强度、抗拉强度与抗剪强度的复合体。在实际工程结构中,这种复合体可视为具有一定抗弯刚度的柔性筏基。由于土工格室是立体结构,它与土之间的相互作用比较复杂,对其复合体模量的计算还没有合适的理论公式。目前,其回弹模量和变形模量是通过承载板试验获得的。室内试验结果表明,复合体模量的大小与其中的填料有很大关系,黏性土模量提高 1.5 倍左右,而砂砾模量提高 $2\sim3$ 倍,甚至更大。另外,根据一些资料介绍,土工格室中填料的黏聚力提高较为明显,而内摩擦角变化不大。本书认为上述两个结论之间有着密切的关系。砂砾的黏聚力为 0,土工格室强大的限制侧向变形的能力对砂砾侧胀的限制等同于给砂砾加了一个黏聚力,因此砂砾填料模量的提高就较大。本节分析时土工格室复合体模量取填料模量的 2 倍。

3. 楔形柔性搭板固定端下部松动区的处理

路基填土的沉降量是地基沉降变形和填土自身压缩变形的叠加累积。要达到消除桥头差异沉降的目的,实现过渡段桥头与路堤衔接处零位移十分重要,故将柔性搭板固定于桥台上。因此,在有限元计算中,柔性搭板单元在桥台处一端的边界条件取为 $X=0,Y=0$。但是,柔性搭板下部填土的变形量是不断累积的。前面已阐述了土工格室复合体具有较大的抗压强度、抗拉强度与抗剪强度,可视为具有一定抗弯刚度的柔性筏基。这就必然会在一端固定的柔性搭板与其下层的填土之间产生沉降差,即产生填土松动区。这种情况在大部分的刚性搭板中都是存在的,这也是刚性搭板产生断裂的重要原因。在用 MARC 进行数值仿真分析中,为了较形象地反映松动区现象和其产生的区域范围与变化规律,同时也为了消除 $(X=0,Y=0)$ 边界条件下格室单元对下层土体单元变形的限制(即产生拉应力),分析时在土工格室复合体单元与土体单元之间设置一种厚度较薄、模量很小的特别材料层单元,此单元类型和大小与土体单元相同,唯一的区别是其材料特性。由于单元的模量很小,在受到拉应力的情况下,单元可以任意拉伸,但其传递到下层土单元的拉应力可忽略不计。另外,此材料层的设置长度并不是任意的,它与松动区的长度相关,可通过位移云图和应力云图来确定其合理布置长度。

4. 柔性搭板与土层间界面作用的说明

传统的平铺加筋方式依靠筋材强度和筋材与土体接触面的摩阻力来限制土体的侧向变形,从而达到加筋补强的目的。而土工格室是一种立体结构,其筋材面是竖向的,在其中充填填料后所组成的复合体的抗压强度、抗拉强度、抗剪强度和整体性远远高于无筋土,因此在同等竖向荷载作用下,土工格室对填料侧胀的限制使其侧向变形远远小于土的侧向变形。若将这种复合体视为传统意义上的加筋材料,则加筋面即为水平面,土与加筋的接触面也即为土与土的接触,其界面的摩擦系数即为土的内摩擦系数。

MARC 程序提供了专门用于处理接触面的命令 contact,contact 通过定义接触体和接触表来描述物体间的接触关系。在柔性搭板处治路桥过渡段跳车的有限元分析时,将土工格室与周围土体定义为两个可变形的接触体,在接触表中定义接触体之间的摩擦系数、接触后分离所需的分离力、接触容差及可能的过盈值。两个接触体在受力变形后可能出现分离或嵌入,通过分离力及过盈配合值来进行描述。输入一个很大的分离力和一个很小的过盈值,从而实现土工格室与土体在接触面上只有滑移的模拟。

5. 计算本构模型

弹塑性本构模型将总的变形分成弹性变形和塑性变形两部分,弹性变形用胡克定律计算,塑性变形用塑性理论求解。对于塑性变形,需做三方面的假设:破坏准则和屈服准则;硬化规律;流动法则。

MARC 中提供的屈服准则很多,如 Mises 屈服准则、Mohr-Coulomb 屈服准则等。

MARC 提供了两类 Mohr-Coulomb 屈服准则:一类是线性的,另一类是抛物线形的,分析时采用理想塑性的线性 Mohr-Coulomb 屈服准则。

9.2.3　计算结果分析

1. 楔形柔性搭板处理区的沉降特征

1) 路基沉降特征

图 9.3 给出了地基沉降量不同时路基顶面沉降曲线。从图中可以看出,柔性搭板处治后路基顶面沉降曲线在桥头处理区呈抛物线形状,其曲线斜率和变化范围与地基沉降量有关。当 Δ=10cm 时,处理区路基顶面沉降曲线斜率最大,其变化长度在 10m 以内;当 Δ=0 时,曲线斜率最小,其变化长度也最短。同时,处理区路基顶面沉降量从路桥衔接处零值逐渐平缓、顺滑地过渡到未处理区较大的沉降量,故与刚性搭板相比,柔性搭板处理区与未处理区衔接处不会产生二次跳车现象。因此柔性搭板处治效果的定量评价值(纵坡),相对于刚性搭板处治后的值可以有所增大。桥头路基未处治时的沉降曲线为一条直线,说明柔性搭板方法能够起到消除路桥过渡段跳车病害的作用。

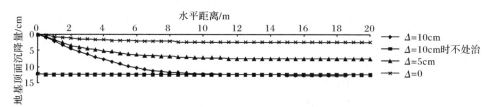

图 9.3　地基沉降量不同时路基顶面沉降曲线

2) 柔性搭板沉降差性状

图 9.4 给出了各层柔性搭板沉降差变化曲线。从图中可以看出,地基沉降差的消除主要在第四层上。而第三层柔性搭板的沉降差变化曲线较有代表性,沉降差从固定端开始逐渐减小,在 1m 左右沉降差为 0,从 2m 处沉降差又逐渐增大,在 4~5m 达到最大,而 4m 处刚好是第四层柔性搭板布置结束的位置。虽然第二层

的沉降差已经很小,但也反映出这种现象。因此楔形柔性搭板下土体的松动或脱空不但在固定端附近发生,而且这种情况会随着柔性搭板布置高度的增加、模量的提高逐渐向远端发展。

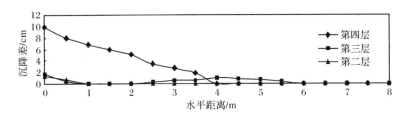

图9.4　各层柔性搭板沉降差变化曲线

2. 楔形柔性搭板处理区的位移特征

图9.5反映了不同地基沉降量时,路桥过渡段路基沉降量的变化规律。从图

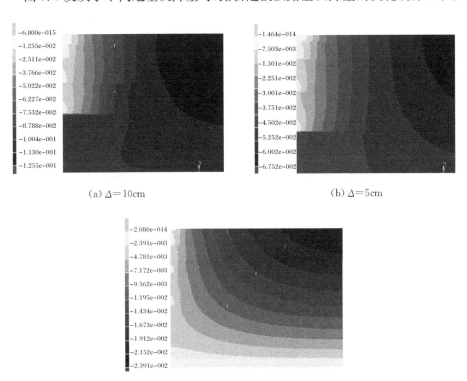

(a) $\Delta=10\mathrm{cm}$　　　　　　　　　(b) $\Delta=5\mathrm{cm}$

(c) $\Delta=0$

图9.5　路桥过渡段路基竖向位移云图(单位:m)

中可以看出,位移在每一层柔性搭板处都有折变,尤其在固定端附近更为明显,这表明竖向位移在此处减小了。柔性搭板的这种连续层状结构使位移在层与层之间呈现积累—消除—积累—消除的过程,从而达到减小总沉降量的目的。

图 9.5 反映的位移变化规律基本一致,区别是位移发生突变的区域大小。$\Delta=10\text{cm}$ 与 $\Delta=5\text{cm}$ 的突变区域都较大,$\Delta=0$ 时由于地基条件良好,位移发生突变的区域很有限。同时,与 $\Delta=5\text{cm}$ 和 $\Delta=0$ 相比,$\Delta=10\text{cm}$ 时在第三层柔性搭板布置长度超出第四层的区域,位移也发生了突变。地基变形越大,位移发生突变的区域就越大,因此较大的地基变形更能发挥土工格室消除位移的作用。

3. 楔形柔性搭板处理区的应力特征

1) 楔形柔性搭板处理区的应力云图

图 9.6 反映了不同地基沉降量时路桥过渡段路基竖向应力的变化规律,图中不同颜色层代表不同的应力区域。从图中可以看出,柔性搭板处理区路基竖向应力明显减小。同时,比较 $\Delta=10\text{cm}$ 和 $\Delta=5\text{cm}$ 时的应力云图和位移云图,竖向应力的变化规律与竖向位移的变化规律存在一定的联系。应力云图中灰白色的区

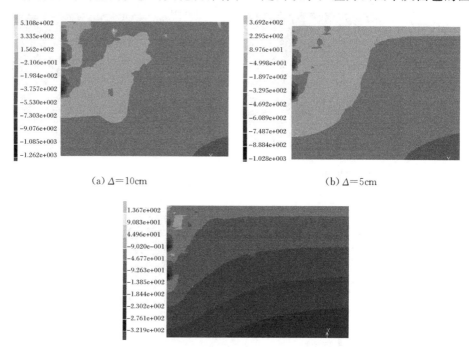

图 9.6　路桥过渡段路基竖向应力云图(单位:kPa)

域应力较小,这一区域从最下面一层柔性搭板开始,斜向地向路基顶面发展,在桥台附近也存在应力较小的区域,在位移云图中位移产生突变也在这一区域,因此柔性搭板不仅可以起到减小位移的作用,也能减小路基竖向应力。同时在柔性搭板固定的地方,竖向应力较大,因此在固定柔性搭板时必须保证其固定质量。

与 $\Delta=10cm$ 和 $\Delta=5cm$ 时的应力云图相比,$\Delta=0$ 时应力减小的区域较小。

2) 路基底部竖向应力

图 9.7 给出了不同地基条件下路基底部竖向应力曲线。从图中可以看出,柔性搭板处理区路基底部竖向应力减小十分明显,其范围为 0~12m。同时,不同的地基沉降假定值条件下其竖向应力变化是不同的。当 $\Delta=10cm$ 时,路基底部竖向应力从 225kPa(土的自重应力)逐渐减小到桥台处的 72.5kPa,尤其在 4m 范围内,竖向应力减小更大。而当 $\Delta=0$ 时,竖向应力减小较少,这与位移松动区的规律较相似。进一步说明了土工格室复合体消除地基沉降、减小地基底部竖向应力的有效作用。同时,路基底部竖向应力的减小也使地基所受附加应力显著减小,从而减小了桥头附近地基的沉降。

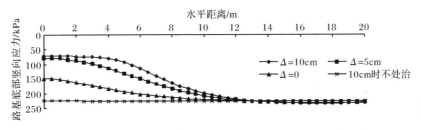

图 9.7 不同地基条件下路基底部竖向应力曲线

9.3 土工格室楔形柔性搭板设计与施工

9.3.1 土工格室楔形柔性搭板设计

1. 设计原则

土工格室楔形柔性搭板设计应遵循技术可行、施工方便、造价经济、效果明显的设计原则。

2. 设计计算及参数取值

1) 土工格室楔形柔性搭板布置形式

土工格室楔形柔性搭板布置按桥台类型(重力式、肋板式、桩柱式)的不同分为三种基本形式,如图 9.8 所示。

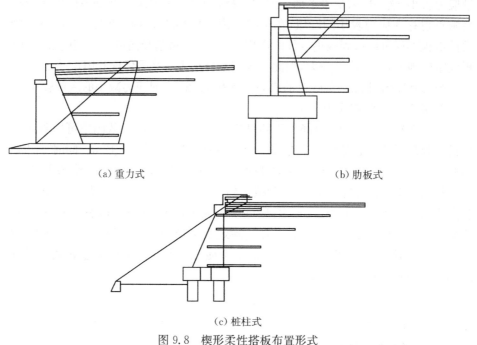

（a）重力式　　　　　　　　　　　　（b）肋板式

（c）桩柱式

图 9.8　楔形柔性搭板布置形式

2）土工格室楔形柔性搭板适用范围

土工格室楔形柔性搭板处治台背跳车的适用性主要表现在其对地基条件的要求上，即台背地基的工后沉降量需满足 JTG D30—2015《公路路基设计规范》规定的小于等于 10cm 的要求；计算不符合要求时，必须对台背地基进行处理。

3）填料

土工格室填料可与路基填料一致，但最大粒径不得大于 5cm；当换填高模量、容易压实的填料而又不明显提高造价时，宜采用换填方案。

4）土工格室材料要求

土工格室的规格和性能指标必须满足以下要求：

（1）土工格室规格。焊距 40cm，格室高度 15cm，格室板材厚度 1.25mm。

（2）主要技术指标。材料拉伸强度≥20MPa，拉伸模量≥650MPa，常温剥离强度≥100N/cm，低温脆化温度＜−23℃，使用寿命＞30 年。

5）柔性搭板设计要素

（1）布置间距。

柔性搭板布置从上向下由密渐疏，一般顶部层间距在 1m 左右，底部层间距在 2m 左右，中间的层间距从 1m 到 2m 逐渐过渡。

（2）布置层数。

柔性搭板布置层数根据地基条件和路堤高度来确定。一般情况下,当地基条件较差、填土较高时,布置 3～5 层;当地基条件较好时,布置 2～3 层。

（3）布置长度。

柔性搭板按楔形布置,自上而下长度逐渐减小;顶层布置 8～12m,底层布置 3～4m,中间几层逐渐过渡。布置宽度为整个路基横断面。

（4）柔性搭板布置厚度。

当地基条件较差时,柔性搭板顶部(紧靠路基顶面)需连续布置 4～5 层土工格室,可把下面 2～3 层长度减小至 4m;当地基条件较好时,布置 2～3 层。

6) 柔性搭板与桥台的连接方式

在条件容许的情况下,柔性搭板必须固定在桥台上,两者的锚固力≥1kN。当柔性搭板无法固定时(桩柱式桥台),需将土工格室伸入桥台内部一定长度,部分起到固定端的作用。

9.3.2　土工格室楔形柔性搭板施工

土工格室楔形柔性搭板施工工艺流程如图 9.9 所示。

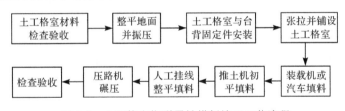

图9.9　土工格室楔形柔性搭板施工工艺流程

1. 土工格室材料检查验收

施工前必须对购进的土工格室材料进行检查验收,材料必须有出厂合格证和测试报告,每 5000m^2 应随机抽样并测试,结果必须达到材料规格和性能的设计要求。

2. 整平地面并振压

铺设土工格室前,台背的地基应进行整平振压,其压实度要达到施工规范的要求。

3. 土工格室与台背固定件安装

土工格室与桥台连接的质量直接影响土工格室的使用性能。土工格室与桥台采用直径 10～12mm 的锚钉或同样尺寸的膨胀螺栓固定连接,可使用射钉枪或电钻机把固定件固定于桥台上,锚固力≥1kN。

4. 张拉并铺设土工格室

相邻土工格室板块采用合页式插销整体连接。在完全张拉开土工格室后,在四周用钢钎或填料固定,否则,严禁进行下一工序的施工。

5. 格室填料

土工格室楔形柔性搭板按现有路基施工规范施工,格室填料与路基填料相同,要求填料颗粒均匀,最大粒径不得大于 5cm。每层格室填料的虚填厚度不大于 30cm,但不宜小于 20cm,格室未填料前,严禁机械设备在其上行驶。

6. 检查验收

(1)桥台柔性搭板以压实度标准进行检查验收,其结构层压实度与该部位路基压实度相同。

(2)桥台固定锚钉按锚钉总数的 2%进行检查,要求锚钉锚固力≥1kN。

(3)柔性搭板施工时,要坚持施工过程的全方位监理,每道工序都要检查验收,严格按设计要求执行。

(4)配合施工进度,选择具有代表性的梁桥桥台地段对沉降量、回弹模量、变形模量等进行现场测试,以获取必要的参数。

9.4　工程实例

9.4.1　实例一

1. 工程概况

实例一位于国道 312 线柳忠高速公路 AK0+238～AK0+350 处。桥位两侧的地基以新堆积黄土为主,且桥头处路堤填土较高(柳沟河一侧最大填土高 10.3m,忠和一侧最大填土高 9m),因此路桥衔接处出现不均匀沉降是不可避免的。由于当地特殊的地质条件,砂石类填料很难就近取到,如果采用换填方法,一方面将影响施工进度;另一方面,由于材料价格和运费都较贵,将大大增加桥头路堤的造价。以往通过在路桥过渡段设置刚性搭板来解决路桥过渡段跳车现象,但实践证明该方法并不能完全解决这一问题。因而采用楔形柔性搭板方法来处治路桥过渡段的不均匀沉降。桥头路堤填料就近取土,与相邻路基填料相同。

该地区黄土以全新世(Q_4)和晚更新世(Q_3)黄土为主,质地较疏松,成岩性差,具有湿陷性,土层分布及各物理力学指标如图 9.10 所示。地面下为新近堆积黄土,厚约 8.3m,其下为中细砂互层,层厚 3.8m,再下面是砾类土,层厚约为 1.65m,接着是强风化砂岩。

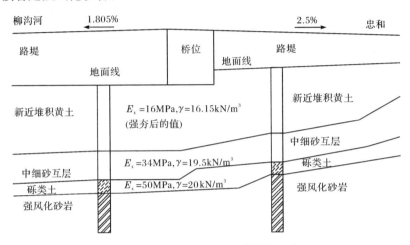

图 9.10　路桥衔接段地质纵断面图

2. 现场测试

土工格室与填料组成的复合体能够明显地提高地基的强度和刚度,这一点已经在很多工程中得到验证。但土工格室柔性搭板应用于台背跳车处理在国内外尚属首次。因此,为了进一步了解柔性搭板处理路桥过渡段跳车的作用机理,获取计算参数,实时监控施工质量和评价处治效果,对实体工程六个桥台进行了承载板和弯沉试验,路面设置了沉降观测点。

1) 承载板试验

本节对六个桥台加土工格室区和未加土工格室区分别进行了承载板试验,测点布置如图 9.11 所示。承载板试验自 2000 年 6 月一直延续到 2001 年 5 月;同时,由于受施工进度、现场试验环境和天气因素的影响,部分测点没有进行试验。

测试过程严格按照 JTJ 059—95《公路路基路面现场测试规程》进行,测试结果通过线性回归,按式(9.4)、式(9.5)分别计算回弹模量和变形模量。

回弹模量计算公式为

$$E_t = \frac{\pi b}{4} \frac{\sum p_i}{\sum L_i} (1 - \mu^2) \tag{9.4}$$

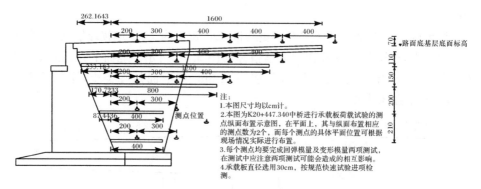

图 9.11　K22+447.340 跨线桥现场试验测点布置图

式中：E_t 为土基回弹模量，MPa；μ 为土的泊松比，取 0.35；L_i 为结束试验前的各级荷载实测回弹变形值；p_i 为对应于 L_i 的各级压力值；b 为承载板的直径或宽度。

变形模量计算公式为

$$E_0 = \frac{pb(1-\mu^2)}{s}\omega \tag{9.5}$$

式中：E_0 为变形模量；p 为荷载强度；s 为对应于 p 的承载板下沉量；ω 为与承载板形状、刚度等有关的系数，也称为沉降影响系数，方板 $\omega=0.89$，圆板 $\omega=0.79$；b 为承载板直径或宽度；μ 为土的泊松比。

表 9.2～表 9.4 给出了三处试验点两侧桥台的回弹模量和变形模量测试结果。比较分析可以发现，K32+497 两侧桥台测试值明显小于 K20+447 和 K20+670

表 9.2　K20+447 两侧桥台测试结果

桥台	层数	模量类型	未铺土工格室模量/MPa	铺设土工格室模量及提高百分比					
				模量/MPa（距离/m）	百分比/%	模量/MPa（距离/m）	百分比/%	模量/MPa（距离/m）	百分比/%
1#	5	回弹模量	87.1	111.9(13.1)	28.5	94.7(7.6)	8.7	105(11.6)	20.6
	4		68.0	83.7(4.3)	23.1	76.1(7.3)	11.9	71.9(11.3)	5.7
	2		65.5	79.6(2.8)	21.5	—	—	—	—
	1		59.7	72.3(2.0)	21.1	—	—	—	—
	5	变形模量	89.0	—	—	105.1(7.6)	18.1	93(11.6)	4.5
	4		38.7	51.1(4.3)	32.0	47.7(7.3)	23.3	44.6(11.3)	15.2
	2		39.2	46.3(2.8)	18.1	—	—	—	—
	1		38.2	48.9	28.0	—	—	—	—

桥台	层数	模量类型	未铺土工格室模量/MPa	铺设土工格室模量及提高百分比					
				模量/MPa(距离/m)	百分比/%	模量/MPa(距离/m)	百分比/%	模量/MPa(距离/m)	百分比/%
0#	5	回弹模量	139.2	157.9(4.6)	13.4	219.5(7.6)	57.7	157.9(11.6)	13.4
	4		81.4	86.5(4.3)	6.3	88.1(7.3)	8.2	—	—
	3		76.7	81.0(3.7)	5.6	82.7(6.7)	7.8	—	—
	2		73.2	76.1(2.8)	4.0	—	—	—	—
	1		53.8	57.3(2.0)	6.5	—	—	—	—
	5	变形模量	97.1	118.1(4.6)	21.6	125.7(7.6)	29.5	107.1(11.6)	10.3
	4		34.8	38.0(4.3)	9.2	36.1(7.3)	3.7	—	—
	3		30.0	42.6(3.7)	42.0	35.6(6.7)	18.7	—	—
	2		25.7	31.4(2.8)	22.2	—	—	—	—
	1		36.8	43.9(2.0)	19.3	—	—	—	—

测试值,这是由于 K32+497 两侧桥台所用填料颗粒较细,含水率偏低,黏性较差,故回弹模量和变形模量值较小。而 K20+447 和 K20+670 两侧桥台填料中含有较多砾石,并且黏性较好,故测试值较大。

从 K20+447 和 K20+670 两侧桥台测试结果可以看出,铺设土工格室后的路基回弹模量和变形模量都得到不同程度的提高,提高百分比为 5%~30%。

表 9.3 K20+670 两侧桥台测试结果

桥台	层数	模量类型	未铺土工格室模量/MPa	铺设土工格室模量及提高百分比									
				距桥台1m的模量/MPa	提高百分比/%	距桥台3m的模量/MPa	提高百分比/%	距桥台6m的模量/MPa	提高百分比/%	距桥台10m的模量/MPa	提高百分比/%	距桥台14m的模量/MPa	提高百分比/%
3#	5	回弹模量	99.5	102.5	3.0	116.5	17.1	122.8	23.4	132.8	33.5	109.6	10.2
	3		68.4	—	—	80.4	17.5	71.6	4.7	—	—	—	—
	2		44.3	58.7	32.5	48.1	8.6	—	—	—	—	—	—
	5	变形模量	58.5	71.3	21.9	65.1	11.3	77.8	33.0	71.0	21.4	68.4	16.9
	3		44.6	—	—	47.7	7.0	53.8	20.6	—	—	—	—
	2		43.4	47.9	10.4	51.5	18.7	—	—	—	—	—	—

续表

桥台	层数	模量类型	未铺土工格室模量/MPa	铺设土工格室模量及提高百分比									
				距桥台1m的模量/MPa	提高百分比/%	距桥台3m的模量/MPa	提高百分比/%	距桥台6m的模量/MPa	提高百分比/%	距桥台10m的模量/MPa	提高百分比/%	距桥台14m的模量/MPa	提高百分比/%
0#	5	回弹模量	83.6	—	—	94.3	12.8	105.4	26.1	93.1	11.4	84.3	0.8
	3		65.3	—	—	76.5	17.2	71.3	9.2	—	—	—	—
	2		64.6	—	—	65.1	0.8	—	—	—	—	—	—
	1		47.9	—	—	57.3	19.6	—	—	—	—	—	—
	5	变形模量	61.8	73	18.1	70.9	14.7	76.4	23.6	70.4	13.9	64.1	3.7
	3		30.9	—	—	39.2	26.9	41.5	34.3	—	—	—	—
	2		37.6	—	—	38.7	2.9	—	—	—	—	—	—
	1		41.96	—	—	44.0	4.9	—	—	—	—	—	—

表9.4　K32+497两侧桥台测试结果

桥台	层数	模量类型	未铺土工格室模量/MPa	铺设土工格室模量及提高百分比					
				距桥台3m的模量/MPa	提高百分比/%	距桥台6m的模量/MPa	提高百分比/%	距桥台10m的模量/MPa	提高百分比/%
0#	4	回弹模量	62.06	66.51	7.17	66.38	6.96	70.46	13.54
	3		62.96	42.51	−32.48	67.02	6.45	—	—
	2		59.21	67.92	14.71	—	—	—	—
	1		42.65	49.82	16.81	—	—	—	—
	4	变形模量	70.98	44.65	−37.09	71.34	0.51	77.88	9.72
	3		28.57	36.54	27.90	37.72	32.03	—	—
	2		30.05	32.06	6.69	—	—	—	—
	1		31.09	32.07	3.15	—	—	—	—
3#	4	回弹模量	58.29	42.82	−26.54	55.26	−5.20	59.23	1.61
	3		56.28	62.10	10.34	60.10	6.79	—	—
	2		36.36	44.44	22.22	—	—	—	—
	1		33.13	39.40	18.93	—	—	—	—
	4	变形模量	32.56	27.68	−14.99	33.90	4.12	33.63	3.29
	3		29.68	33.82	13.95	36.79	23.96	—	—
	2		27.79	33.93	22.09	—	—	—	—
	1		30.05	34.70	15.47	—	—	—	—

K32+497 桥台在填料压实过程中含水百分比的不均匀导致压实度离散,故测试所得回弹模量和变形模量值也存在较大离散。通过对 K32+497 测试结果的方差分析可知,铺设土工格室后台背路基的回弹模量和变形模量提高了分别为 0.8%~33.5% 和 3.7%~77.8%。

与室内试验结果相比,现场测试所得回弹模量和变形模量的提高值偏低,可能是现场填料的含水百分比较室内试验低、含水百分比不均匀、路基压实度差异较大、填料不如室内试验均匀等造成的。

综合 K20+447、K20+670 和 K32+497 共六个桥台的测设结果,可以认为,台背铺设土工格室柔性搭板后,路基回弹模量和变形模量都得到不同程度的提高,改善了台背填土扩散荷载和降低沉降的能力,从而可以减小桥头的不均匀沉降。

2) 弯沉试验

路基施工完成后,课题组于 2001 年 5 月对土工格室柔性搭板处治的六个桥台的路基顶面进行了弯沉试验,K32+497 桥梁 3# 桥台左侧由于堆积了杂物,没有安排试验。此外,由于受自然因素影响,路基顶面含水率大大减少,试验时部分桥台路基顶面存在薄松散层,一定程度上影响了测试结果。

表 9.5 为路基顶面弯沉值测试结果。从表中可以看出,从铺设土工格室区 6m 至未铺土工格室区 18m,路基顶面弯沉值基本呈逐渐增大的趋势,虽然各桥台测试值有一定的差异,但是总的来说,土工格室柔性搭板布置区路基强度大于未布置区的强度。

表 9.5　路基顶面弯沉值测试结果　　（单位：10⁻²mm）

桩号	K20+447				K20+670				K32+497			
桥台	0#		1#		0#		3#		0#		3#	
	左侧	右侧	左侧	右侧	左侧	右侧	左侧	右侧	左侧	右侧	左侧	右侧
6m	64	58	76	80	74	78	74	76	85	91	—	82
10m	72	62	78	78	78	80	82	74	89	90	—	86
14m	74	70	72	74	80	82	80	78	105	102	—	96
18m	84	74	82	82	80	86	84	80	94	105	—	98

注:6m、10m、14m、18m 表示测点距台背的距离,左侧、右侧分别指左右半幅道路的中心线。

3) 路面沉降观测

依托工程的六个路桥过渡段路面工后两年实测沉降曲线如图 9.12 所示。从图中可以看出,路桥过渡段沉降曲线呈抛物线形状,路桥衔接处有很小的台阶高差,在 0~6m 内曲线变化较大,6~10m 内曲线变化较小。六座路桥过渡段的最大沉降量为 1~3cm,各桥台有所差异,其中 K20+447 桥台过渡段沉降量最小, K32+620桥台过渡段沉降量最大。

表9.6为路桥过渡段实测沉降数据统计表,从表中数据可以看出,六座桥台的台阶高差为0.1~0.3cm,纵坡变化率小于0.5%,均满足路桥过渡段消除跳车的要求。

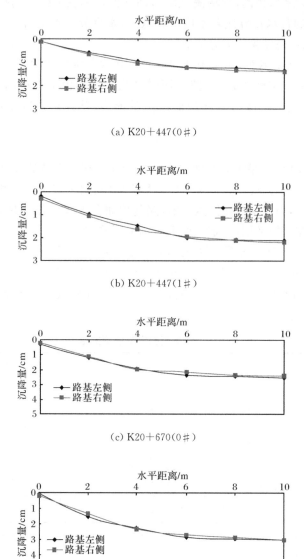

(a) K20+447(0#)

(b) K20+447(1#)

(c) K20+670(0#)

(d) K20+670(3#)

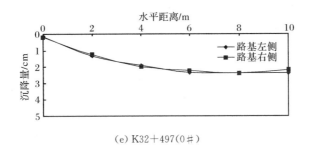

(e) K32+497(0♯)

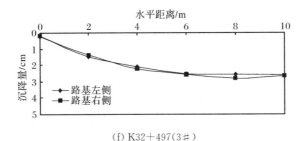

(f) K32+497(3♯)

图 9.12　路桥过渡段路面工后两年实测沉降曲线

表 9.6　路桥过渡段实测沉降数据统计表

桩号	最大沉降量/cm	纵坡变化率/%	桥台的台阶高差/cm
K20+447(0♯)	1.4	0.206	0.10
K20+447(1♯)	2.2	0.330	0.30
K20+670(0♯)	2.5	0.393	0.20
K20+670(3♯)	3.0	0.472	0.20
K32+497(0♯)	2.4	0.430	0.15
K32+497(3♯)	2.65	0.388	0.25

从以上分析可以看出,楔形柔性搭板处治技术能够很好地协调路桥过渡段的沉降差,减小总沉降量,从而消除了路桥过渡段跳车病害,达到了处治目的。

9.4.2　实例二

实例二位于国道主干线青银(青岛—银川)高速公路陕西省内的靖王高速公路。全线位于陕北黄土高原北部、毛乌素沙漠南缘的古长城沿线风积沙区,地形以波状沙丘和高差几十米的黄土丘陵覆盖沙为主,绿化较好,植被丰富。

沙漠地区最丰富的材料是风积沙,由于风积沙土质松散、塑性指数很小、无黏聚力、不易形成整体,在外力作用下,容易产生位移,完成压实后路基不能稳定通车,从而导致沙漠地区筑路材料极为匮乏,长期以来一直困扰着公路工程建设单位和施工单位。尤其在桥头台背回填中,因台背填土高度较大,如采用风积沙作为填料,由于路基压实效果不佳,台背将产生较大的压缩变形,从而引起台背路基与桥台的显著差异沉降。原设计中将台背附近全部换填灰土,但由于当地缺少黏性土和石灰,如果换填灰土,其原材料需大量外运,将导致台背换填造价显著增加,同时,回填灰土也无法有效消除路桥过渡段跳车现象。经过方案的经济技术比选,采用土工格室楔形柔性搭板+刚性搭板的综合处治方法。

试验工程位于靖王高速公路第四标段韩窨子和吕圈坑两座分离式跨线桥,路面宽 6.5m,台背填土高度约 7m,桥台类型为肋板式,地面以下 4m 左右为风积沙覆盖层。

楔形柔性搭板布置方案如图 9.13 所示。台背共布设楔形柔性搭板四层(其中顶层为双层结构),布置间距由密至疏,顶面两层柔性搭板通过膨胀螺栓固定于台帽上,底部两层伸入桥台 70cm,楔形柔性搭板所用土工格室规格为 $15cm \times 40cm$,填料全部采用当地风积沙,压实度要求达 95% 以上。钢筋混凝土搭板铺设于柔性搭板顶层上面,长 5m,厚 35cm,其一端支承于梁托上,另一端支承于路堤上。

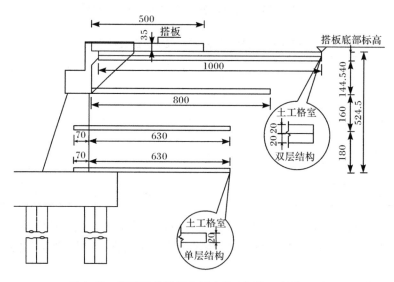

图 9.13　楔形柔性搭板布置方案(实例二,单位:cm)

靖王高速公路于 2003 年初开工,同年 10 月通车。柔性搭板施工期间,为保证施工质量,课题组人员实时跟踪土工格室加固效果,开展了土工格室结构层的承载板试验;并于通车后 1 年即 2004 年 9 月对试验段进行路面沉降观测。基于对比分析需要,选择了相邻的砖井立交、通达跨线桥进行比较。其中砖井立交台背采用灰土换填+刚性搭板处治方法,但目前尚未开放交通;通达跨线桥填高约 2m,

台背仅铺设钢筋混凝土搭板,填料采用当地风积沙。

　　如上所述,桥台与路堤之间的差异沉降是引起路桥过渡段跳车的主要原因,因此桥台与路堤之间的相对高差能较好地反映台背跳车处治效果。图 9.14 为四座分离式立交南北面路面中心相对高差曲线。从图中可以看出,吕圈坑、韩窑子、砖井匝口南北面桥台与台背路面之间的相对高差曲线基本呈线性关系,桥台连接处无台阶差,路面无显著纵坡变化,台背楔形柔性搭板布置区路面完整,无车辙和裂缝出现,如图 9.15 及图 9.16 所示。而通达跨线桥虽然路基填土高度较小,但北面桥台台背刚性搭板路基搭接处两端差异沉降达 0.8cm,南面两端差异沉降为 0.1cm,南北面刚性搭板与路基连接处路面均已出现贯穿横向的裂缝,如图 9.17 所示,表明单纯采用刚性搭板进行沉降过渡的方法无法避免桥头差异沉降病害的产生。同时,从图 9.18 可以看出,吕圈坑楔形柔性搭板布置区外(约 11m 处),路面出现深约 1.5cm 的车辙,主要原因可能是施工时路基压实未达到要求,而相邻台背楔形柔性搭板区路面完好。表明由于土工格室具有较强的侧向限制作用,其侧壁提供了向上的摩擦力,当其加固无黏聚力的风积沙时,类似于给风积沙填料施加了一个等效黏聚力,从而显著提高风积沙填料的整体性和强度,相应地增强了路基的强度和刚度。此工程实例表明,采用楔形柔性搭板加固风积沙地区路桥过渡段,不仅可以充分利用风积沙作为台背回填料,大大减小工程造价,而且很好地解决了路桥过渡段跳车问题,经济效益和社会效益显著。

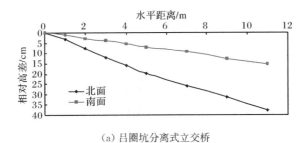

(a) 吕圈坑分离式立交桥

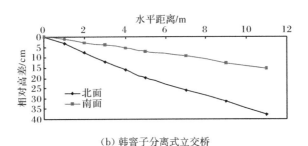

(b) 韩窑子分离式立交桥

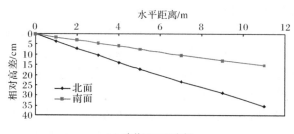

（c）砖井匝口立交桥

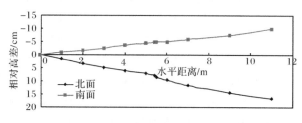

（d）通达跨线桥

图 9.14　四座分离式立交南北面路面中心相对高差曲线

图 9.15　吕圈坑桥头实景

图 9.16　韩窖子桥头实景

图 9.17　通达跨线桥搭板末端横向裂缝

图 9.18　吕圈坑楔形柔性搭板布置区外车辙

9.4.3　实例三

实例三是位于山西平遥惠济河台背跳车处理工程。惠济河桥位于祁临高速公路与 108 国道平遥城东连接线上,为四跨简支梁桥,采用桩柱式桥台。台背地基表层为粉砂,3.8m 以下为粉土,8.5m 以下为粉黏土,填料为粉土。为便于比较,北岸采用钢筋混凝土搭板处理,搭板现浇,长 4m,底铺 60cm 二灰土。南岸采用土工格室柔性搭板处理,台背按楔形布置土工格室,间距由上至下逐渐增大,顶层固定于台帽上,下面三层伸入锥坡一定长度,具体布置方案如图 9.19 所示。

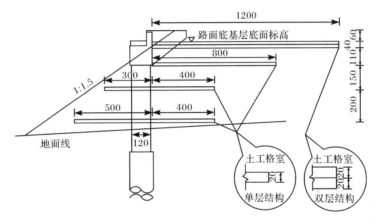

图 9.19　楔形柔性搭板布置方案(实例三,单位:cm)

楔形柔性搭板施工过程中,针对柔性搭板加固区开展了路基回弹模量和变形模量试验,路基顶面进行了弯沉试验,所有试验均按照 JTJ 059—95《公路路基路面现场测试规程》进行。测试结果汇总见表 9.7~表 9.9。

表 9.7　加固区路基回弹模量值　　　　(单位:MPa)

层号	距桥台距离			
	2m	5m	9m	13m
第二层格室	100.81	87.90(土基)	—	—
第三层格室	100.49	101.13	103.50(土基)	—
第四层格室	123.60	119.50	93.90	95.30(土基)

表 9.8　加固区路基变形模量值　　　　　（单位：MPa）

层号	距桥台距离			
	2m	5m	9m	13m
第三层格室	70.36	64.30	56.16(土基)	—
第四层格室	59.20	53.16	54.70	50.78(土基)

表 9.9　加固区路基弯沉值

距桥台距离/m	4	7	10	13
弯沉值/10^{-2}mm	37.0	35.0	46.5	46.0

从表中结果可以看出，土工格室柔性搭板层自远处土基至近桥台，回弹模量值和变形模量值都呈逐渐增大的趋势，模量提高百分比为 15%～30%，弯沉值也呈相同的变化趋势。这说明土工格室柔性搭板处理后，台背路基的强度得到提高，从而减弱了台背填土压实不足的影响，减小了路基压缩变形。同时，表中数据也较好地说明了土工格室柔性搭板具有较强的刚柔过渡能力。

该工程于 2001 年 8 月通车，通车 5 个月后对试验桥头进行了沉降观测，图 9.20、图 9.21 分别为刚性搭板与柔性搭板布置一侧路面的相对高差曲线。从图中曲线和现场调查可以看出，刚性搭板桥头出现两条横向裂缝，一是刚性搭板与桥台连接处，二是刚性搭板与路基连接处。其中刚性搭板与路基连接处横向裂缝较为严重，差异沉降达 0.5cm，且道路纵坡出现较为明显的变化。而楔形柔性搭板台背路面在通车 5 个月后第一次调查时，只在桥台处出现轻微的差异沉降，

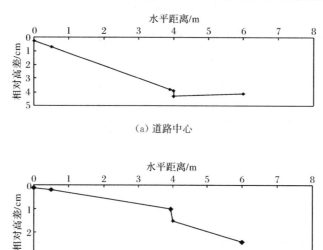

(a) 道路中心

(b) 道路左侧

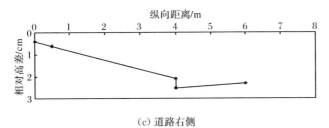

(c) 道路右侧

图 9.20　刚性搭板布置一侧路面相对高差曲线(2002 年 4 月)

路线纵坡变化平缓,但经过 2 个月后,桥头连接处差异沉降显著增加,最大处约 1cm,且台背沥青路面出现较多龟裂病害。经调查,这是由于铺完水泥碎石基层后,在铺设路面面层时发现桥头附近基层标高未达到设计要求(相差 10cm),而施工单位未按要求进行返工,只是在原来基础上加铺了 10cm 的水泥碎石基层,从而导致路面基层整体性和强度大大降低;且由于当地运煤超重车辆较多,该加铺厚度基层很快失去承载能力,从而导致桥头附近路面在通车约 7 个月后就出现龟裂、

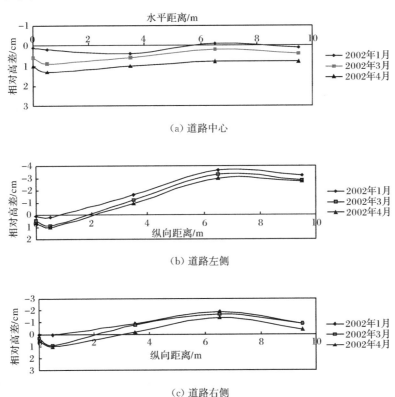

(a) 道路中心

(b) 道路左侧

(c) 道路右侧

图 9.21　柔性搭板布置一侧路面相对高差曲线

水平推移等严重病害。后期对路面进行返工修复后,桥头过渡段路面纵坡过渡缓和,未出现跳车病害。

9.4.4 实例四

实例四是位于厦门同安区五显一桥旧桥拓宽工程,桥头地基为软土,桥址处原为一旧石拱桥,后来由于交通量增大,需进行道路拓宽,故将石拱桥拆除改建为三跨简支梁桥。道路另一侧为梁桥,台背设置搭板过渡,据现场调查,搭板中间已出现断裂,路面破碎,桥头连接处差异沉降显著,跳车现象十分严重。因此,在新桥台背处理中采用楔形柔性搭板技术,由于台背下部较难开展施工,将柔性搭板主要布置在路基上部,顶层采用三层结构,柔性搭板固定于台帽,路基填料为砂砾,设计方案如图 9.22 所示。

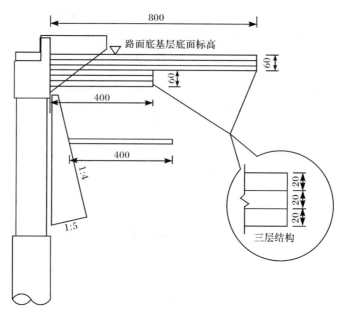

图 9.22 台背柔性搭板设计方案(单位:cm)

路基完工后,对一侧台背路基顶面的回弹模量和弯沉值进行了检测,测点布置如图 9.23 所示,测试结果见表 9.10。由表 9.10 可以看出,近桥台 1♯、3♯ 测点回弹模量明显大于远桥台 2♯、4♯ 测点,提高了 1.28~1.5 倍;同时,1♯、3♯ 测点路基顶面弯沉值也远小于 2♯、4♯ 测点。研究表明,台背经土工格室柔性搭板加固后,近桥台强度和抗变形能力明显提高,较好地实现了桥台与路堤之间的刚柔过渡,从而保证了两者的变形协调。

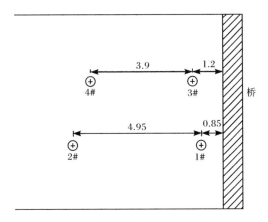

图 9.23 台背测点布置图(单位:m)

表 9.10 厦门五显一桥台背测试结果

测点	1#	2#	3#	4#
回弹模量/MPa	106.1	80.5	103.1	68.6
弯沉值/10^{-2}mm	23	61	29	64

参 考 文 献

[1] 朱诗鳌. 土工合成材料的应用[M]. 北京:北京科学技术出版社,1994.

[2] 高大钊. 岩土工程的回顾与前瞻[M]. 北京:人民交通出版社,2001.

[3] 杨晓华. 土工格室工程性状及应用技术研究[D]. 西安:长安大学,2005.

[4] Fang Y S,Ishibashi I. Static earth pressures with various wall movements[J]. Journal of Geotechnical Engineering,1986,120(8):317-333.

[5] Kezdi A. Earth pressure on retaining wall tilting about the toe[C]//Conference on Earth Pressure Problems,Brussels,1958:116-132.

[6] Fang Y S,Chen T J,Wu B F. Passive earth pressure with various wall movements[J]. Journal of Geotechnical Engineering,1994,120(8):1307-1323.

[7] Bang S. Active earth pressure behind retaining walls[J]. Journal of Geotechnical Engineering,1985,111(3):407-412.

[8] Rowe P W. Sheet-pile walls encastre at the anchorage[C]//Institution of Civil Engineers, London,1955:70-87.

[9] Terzaghi K. Record earth pressure testing machine[J]. Engineering News Record,1932, 109(29):365-369.

[10] Paik K H,Salgado R. Estimation of active earth pressure against rigid retaining walls considering arching effect[J]. Geotechnique,2003,53(7):643-645.

[11] Harrop W K. Arch in soil arching[J]. Journal of Geotechnical Engineering,1989,115(3): 415-419.

[12] Terzaghi K. Large retaining wall tests Ⅰ-Pressure of dry sand[J]. Engineering News Record,1934,112(1):136-140.

[13] Terzaghi K. Large retaining wall tests Ⅱ-Pressure of dry sand[J]. Engineering News Record,1934,112(22):259-262.

[14] Terzaghi K. A fundamental fallacy in earth pressure computations[J]. Journal of Boston Society of Civil Engineering,1936,23:71-88.

[15] Terzaghi K. Theoretical Soil Mechanics[M]. New York:Wiley,1943.

[16] Naikai T. Finite element computations for active and passive earth pressure problems of retaining wall[J]. Soils and Foundations,1985,25(3):98-112.

[17] Leonards G A. Foundation Engineering[M]. New York:McGraw-Hill,1962.

[18] Suklje L. Rheological aspects in soil mechanics[M]. London:Wiley-Interscience,1969.

[19] Chang M F. Lateral earth pressure behind totating walls[J]. Canadian Geotechnical Journal,1997,34(2):498-509.

[20] Rimoldi P,Ricciuti A. Design method for three-dimensional geocells on slopes[C]//Fifth International Conference on Geotextiles, Geomembranes and Related products, Singapore, 1994:999-1002.

[21] Sherif M A, Fang Y S, Sherif R I. K_A and K_0 behind rotating and non-yielding walls[J]. Journal of Geotechnical Engineering, 1984, 110(1): 41-56.

[22] Rowe P W. A theoretical and experimental analysis of sheet-pile walls[J]. Proceedings of the Institution of Civil Engineers, 1955, 4: 32-69.

[23] Rowe P W. Sheet-pile walls subject to line resistance above the anchorage[J]. Proceedings of the Institution of Civil Engineers, 1957, 7: 879-896.

[24] Bransby P L, Milligan G W E. Soil deformations near cantilever sheet pile walls[J]. Geotechnique, 1975, 25(2): 175-195.

[25] Bush D I, Jenner C G, Bassett R H. The design and construction of geocell foundation mattress supporting embankments over soft ground[J]. Geotextiles and Geomembranes, 1990, 9: 83-98.

[26] Roscoe K H. The influence of strains in soil mechanics[J]. Geotechnique, 1970, 20(2): 129-170.

[27] Cowland J W, Wong S C K. Performance of a road embankment on soft clay supported on a geocell mattress foundation[J]. Geotextiles and Geomembranes, 1993, 12: 687-705.

[28] Simpson B, Wroth C P. Finite element computations for a model retaining wall in sand[C]// Proceedings of 5th European Conference of Soil Mechanics and Foundation Engineering, Madrid, 1972: 85-94.

[29] Abdulaziz I M, Clough G W. Prediction of movements for braced cuts in clay[J]. Journal of Geotechnical Engineering, 1981, 107(6): 759-777.

[30] Rowe P W. Sheet-pile walls at failure[J]. Proceedings of the Institution of Civil Engineers, 1956, 5: 276-315.

[31] Sujit K D, Krishnaswamy N R, Rajagopal K. Bearing capacity of strip footings supported on geogell-reinforced sand[J]. Geotextiles and Geomembranes, 2001, 19(4): 235-256.

[32] Hua Z K, Shen C K. Lateral earth pressure on retaining structure with anchor plates[J]. Journal of Geotechnical Engineering, 1987, 113(3): 189-201.

[33] Clough R W, Woodward R J. Analysis of embankment stress and deformations[J]. Journal of Soil Mechanics and Foundation Division, 1967, 12: 1657-1673.

[34] Rowe P W. Anchored sheet-pile walls[J]. Proceedings of the Institution of Civil Engineers, 1952, 1: 27-70.

[35] Tschebotarioff G P, Welch J D. Effect of boundary conditions on lateral earth pressures [C]//International Conference on Soil Mechanics and Foundation Engineering, Rotterdam, 1948: 308-313.

[36] Hashash M A, Whittle A J. Mechanisms of load transfer and arching for braced excavations in clay[J]. Journal of Geotechnical and Geoenvironmental Engineering, 2002, 128(3): 187-197.

[37] Fang Y S, Cheng F P, Chen R T, et al. Earth pressures under general wall movements[J]. Journal of Geotechnical Engineering, 1993, 24(2): 113-131.

[38] Milligan G W E,Bransby P L. Combined active and passive rotational failure of a retaining wall in sand[J]. Geotechnique,1976,26(3):473-494.

[39] Milligan G W E. Soil deformations near anchored sheet-pile walls[J]. Geotechnique,1983, 33(1):41-45.

[40] 屈战辉. 土工格室柔性挡墙力学性状及设计方法研究[D]. 西安:长安大学,2011.

[41] 吕东旭. 土工格室生态挡墙工程性状研究[D]. 西安:长安大学,2003.

[42] 杨果林,肖宏彬. 现代加筋土挡土结构[M]. 北京:煤炭工业出版社,2001.

[43] Richard J B,Mark A K. Analysis of geocell reinforced-soil covers over large span conduits[J]. Computer and Geotechnics,1998,22(3):205-219.

[44] Bathurst R J,Karpurapu R. Large scale triaxial tests on geocell reinforced granular soils [J]. Geotechnical Testing Journal,1993,16(3):296-303.

[45] Cowland J W,Wong S C K. Performance of a road embankment on soft clay supported on a geocell mattress foundation[J]. Geotextiles and Geomembranes,1993,12(8):687-705.

[46] Desai C S. A fundamental study of braced excavation construction[J]. Computers and Geotechnics,1977,8:39-64.

[47] Chang M F. Lateral earth pressure behind rotating wall[J]. Canadian Geotechnical Journal, 1997,34(2):498-509.

[48] 陈忠达. 公路挡土墙设计[M]. 北京:人民交通出版社,1999.

[49] 周志刚,郑健龙. 公路土工合成材料设计原理及工程应用[M]. 北京:人民交通出版社,2001.

[50] 杨晓华,王陆平,俞永华. 土工格室生态挡墙工程性状分析[J]. 公路交通科技,2004, 21(11):23-26.

[51] 马新岩. 路堑式土工格室柔性挡墙变形性状研究[D]. 西安:长安大学,2008.

[52] 王仕传,凌建明. 刚性挡土墙非线性主动土压力分析[J]. 地下空间与工程学报,2006, 2(2):242-244.

[53] 应宏伟,蒋波,谢康和. 考虑土拱效应的挡土墙主动土压力分布[J]. 岩土工程学报,2007, 29(5):717-722.

[54] Vaziri H,Simpson B,Pappin J W,et al. Integrated forms of Mindlin's equations[J]. Geotechnique,1982,32(3):275-278.

[55] Vaziri H H,Troughton V. An efficient three-dimensional soil-structure interaction model[J]. Canadian Geotechnical Journal,1992,29:529-538.

[56] Vaziri H H. Theory and application of an efficient computer program for analysis of flexible earth-retaining structures[J]. Computers & Structures,1995,56(1):177-187.

[57] 林彤. 离心模型试验在超高加筋土挡墙中的应用研究[J]. 土木工程学报,2004,37(2): 43-46.

[58] 傅舰锋. 土工格室柔性结构层力学性状的试验研究[D]. 西安:长安大学,2002.

[59] 周应英,任美龙. 刚性挡土墙主动土压力试验研究[J]. 岩土工程学报,1990,2(3):19-26.

[60] 刘金龙,栾茂田,许成顺,等. Drucker-Prager 准则参数特性分析[J]. 岩石力学与工程学报,

2006,25(S2):4009-4015.

[61] 张建国,产光杰. 用土工合成材料整治路基病害[R]. 铁路工程建设科技动态报告文集,1999.

[62] 杨晓华. 土工格室加固饱和黄土地基性状及承载力[J]. 长安大学学报(自然科学版),2004,(3):5-8.

[63] 刘俊彦,罗强. 土工格栅、土工格室加筋垫层对软土地基沉降控制效果的有限元分析[J]. 铁道标准设计,2002,(12):5-7.

[64] 杨晓华,李新伟,俞永华. 土工格室加固浅层饱和黄土地基的有限元分析[J]. 中国公路学报,2005,18(2):12-17.

[65] 杨晓华,晏长根,谢永利. 黄土路堤土工格室护坡冲刷模型试验研究[J]. 公路交通科技,2004,21(9):21-24.

[66] 湖南省交通科学研究院. 土工合成材料在边坡处治中的应用研究报告[R]. 长沙:湖南省交通科学研究院,2003.

[67] 徐少曼,林瑞良. 预应变土工织物加筋堤坝软基的模型试验与分析[C]//全国第四届土工合成材料学术会议,上海,1996.

[68] 杨晓华,徐智远. 网带型土工格室在土质边坡防护中的应用研究[R]. 铁路工程建设科技动态报告文集,1999.

[69] 曹新文,蔡英,苏谦. 土工格室和土工网改善基床动态性能模型试验[J]. 西南交通大学学报,2001,(4):350-354.

[70] 曹新文,罗强,薛双纲. 土工格室和土工网加固基床效果静态模型试验[J]. 西南交通大学学报,2001,(3):322-326.

[71] 岳祖润,彭胤宗,张师德. 压实粘性填土挡土墙土压力离心模型试验[J]. 岩土工程学报,1992,10(3):90-95.

[72] 陈页开. 挡土墙上土压力的试验研究和数值分析[D]. 杭州:浙江大学,2001.

[73] 李萍,邓小鹏,相建华,等. 基坑开挖与支护模拟的位移迭代法[J]. 岩土力学,2005,11(26):1815-1818.

[74] 刘晓立,严驰,吕宝拄,等. 柔性挡墙在砂性填土中的土压力试验研究[J]. 岩土工程学报,1999,21(4):505-508.

[75] 朱百里,沈珠江. 计算土力学[M]. 上海:上海科学技术出版社,1990.

[76] 俞永华. 桥头楔型柔性搭板作用性状的仿真分析[D]. 西安:长安大学,2002.

[77] 高昂,张孟喜,朱华超,等. 循环荷载及静载下土工格室加筋路堤模型试验研究[J]. 岩土力学,2016,37(7):1921-1928,1946.

[78] 俞永华,谢永利,杨晓华. 楔型柔性搭板作用性状仿真[J]. 长安大学学报(自然科学版),2004,(6):29-32.

[79] 杨晓华,俞永华. 土工格室在太古公路路基不均匀沉降病害处治中的应用[J]. 重庆交通学院学报,2004,23(5):27-29.

[80] 杨晓华,叶子勇. 国道205线贡川滑坡稳定性分析及治理措施[J]. 山西交通科技,2003,5:4-6.

[81] 雷盟. 甘肃黄土地区公路路基病害防治技术研究[D]. 西安:长安大学,2016.

[82] 李涛. 西—潼高速公路拓宽工程路基差异沉降机理及地基处治技术研究[D]. 西安:长安大学,2011.

[83] 顾良军. 土工格室结构层工程性状试验研究[D]. 西安:长安大学,2004.

[84] 孙州,张孟喜,姜圣卫. 条形荷载下土工格室加筋砂土路堤模型试验研究[J]. 岩土工程学报,2015,37(S2):170-175.

[85] 侯娟,张孟喜,韩晓,等. 单个高强土工格室作用机理的有限元分析[J]. 岩土工程学报,2015,37(S1):26-30.

[86] 刘方成,任东滨,刘娜,等. 土工格室加筋橡胶砂垫层隔震效果数值分析[J]. 土木工程学报,2015,48(S1):109-118.

[87] 边学成,宋广,陈云敏. Pasternak 地基中土工格室加筋体的受力变形分析[J]. 工程力学,2012,29(5):147-155.

[88] Vaziri H H. A simple numerical model for analysis of propped embedded retaining walls[J]. International Journal of Solids Structures,1996,33:2357-2376.

[89] Vaziri H H. Numerical study of parameters influencing the response of flexible retaining walls[J]. Canadian Geotechnical Journal,1996,33:290-308.

[90] Chandrasekaran V S,King G J W. Simulation of excavation using finite elements[J]. Journal of Geotechnical and Geoenvironmental Engineering,1974,100:1086-1089.

[91] 杨晓华,俞永华. 土工格室生态挡墙的应用研究[J]. 公路交通科技,2004,1:20-22.

[92] 王业涛. 路基柔性结构体系应用技术研究[D]. 西安:长安大学,2009.

[93] 苏谦,蔡英. 土工格栅、格室加筋砂垫层大模型试验及抗变形能力分析[J]. 西南交通大学学报,2001,36(2):176-180.

[94] 马卓军,张兴彦,贾振功. 土工格室加筋粘性土的强度特性研究[J]. 公路,2000,10:34-35.

[95] 王炳龙,周顺华,宫全美,等. 不同高度土工格室整治基床下沉病害的试验研究[J]. 岩土工程学报,2003,25(2):163-166.

[96] 晏长根,顾良军,杨晓华,等. 土工格室加筋黄土的三轴剪切性能[J]. 中国公路学报,2017,30(10):17-24.

[97] 曹文昭,郑俊杰,严勇. 桩承式变刚度加筋垫层复合地基数值模拟[J]. 岩土工程学报,2017,39(S2):83-86.

[98] 刘方成,吴孟桃,陈巨龙,等. 土工格室加筋对橡胶砂动力特性影响的试验研究[J]. 岩土工程学报,2017,39(9):1616-1625.

[99] 孙淑贤. 基坑开挖伴随应力状态改变对土压力的影响[J]. 工程勘察,1998,3:5-8.

[100] 杨晓华,俞永华. 水泥-水玻璃双液注浆在黄土隧道施工中的应用[J]. 中国公路学报,2004,17(2):68-72.

[101] 杨晓华,王文生. 土工格室生态护坡在黄土地区公路边坡防护中的应用[J]. 公路,2004,8:183-186.

[102] 杨晓华,戴铁丁,许新桩. 土工格室在铁路软弱基床加固中的应用[J]. 交通运输工程学报,2005,5(2):42-46.

[103] 杨晓华,俞永华.水泥黄土损伤力学模型探讨[C]//中国土木工程学会.中国土木工程学会第九届土力学及岩土工程学术会议论文集.上册.北京:清华大学出版社,2003:365-368.

[104] 俞永华,杨晓华.水泥黄土力学特性试验[J].长安大学学报(自然科学版),2003,23(6):29-32.

[105] 赵明华,张玲,马缤辉,等.考虑水平摩阻效应的土工格室加筋体受力分析[J].工程力学,2010,27(3):38-44.

[106] 狄宇天.既有铁路客运专线黄土高填方站台沉降特征及处治措施研究[D].西安:长安大学,2017.

[107] 李丽华,崔飞龙,肖衡林,等.轮胎与格室加筋路堤性能及承载力研究[J].岩土工程学报,2017,39(1):81-88.

[108] 李永亮.土工格室挡墙优化断面型式及其在延安机场迁建工程中的应用[D].西安:长安大学,2016.

[109] 刘权.新旧路基不均匀沉降分析与控制技术研究[D].西安:长安大学,2016.

[110] 汪海年,张然,周俊,等.土工格室加筋碎石基层变形机理的数值模拟[J].中南大学学报(自然科学版),2015,46(12):4640-4646.

[111] 赵明华,张玲,曹文贵,等.基于弹性地基梁理论的土工格室加筋体变形分析[J].岩土力学,2009,30(12):3695-3699.

[112] 邓鹏,郭林,蔡袁强,等.考虑填料-土工格室相互作用的加筋路堤力学响应研究[J].岩石力学与工程学报,2015,34(3):621-630.

[113] 赵明华,龙军,张玲,等.不同型式复合地基试验对比分析[J].岩土工程学报,2013,35(4):611-618.

[114] 赵明华,陈炳初,尹平保,等.土工格室碎石基层+刚性路面承载特性模型试验研究[J].岩土工程学报,2012,34(4):577-581.

[115] 包卫星,杨晓华,刘涛,等.清伊高速公路土工格室加固粉土地基试验研究[J].公路,2012,(7):270-272.

[116] 曹振民.被动土压力非线性分布浅析[J].西安公路学院学报,1994,14(2):10-14.

[117] 何颐华,杨斌,金宝森,等.深基坑护坡桩土压力的工程测试及研究[J].土木工程学报,1997,1:16-24.

[118] 魏汝龙.开挖卸载与被动土压力计算[J].岩土工程学报,1997,19(6):88-92.

[119] 张贯峰.公路岩质边坡应力变化特征与稳定性评价的数值模拟研究[D].西安:长安大学,2006.

[120] 任海铭.永古高速公路旧路拓宽路基差异沉降处治技术研究[D].西安:长安大学,2017.

[121] 晏长根.太古公路高边坡稳定性评价与防治措施研究[D].西安:长安大学,2002.

[122] 杨惠林.黄土地区路基边坡生态防护技术研究[D].西安:长安大学,2006.

[123] 王广月,韩燕,王杏花.降雨条件下土工格室柔性护坡的稳定性分析[J].岩土力学,2012,33(10):3020-3024.

[124] 张光明.垫邻高速公路破碎岩体高边坡生态防护技术研究[D].西安:长安大学,2010.

［125］魏静,许兆义,包黎明,等.青藏铁路多年冻土区土工格室护坡试验研究[J].岩石力学与工程学报,2006,25(S1):3168-3173.

［126］晏长根,杨晓华,石玉玲,等.土工格室在黄土边坡公路中的试验研究及应用[J].岩石力学与工程学报,2006,25(S1):3235-3238.

［127］罗斌,王秉纲,王选仓.路基边坡坡面冲刷基本理论[J].公路交通科技,2002,(4):27-29.

［128］韩烈保,杨暗,邓菊芬.草坪草种及其品种[M].北京:中国林业出版社,1999.

［129］杨惠林,李晋,杨晓华.黄土边坡植被护坡的应用技术研究[J].公路交通科技,2006,5:50-52.

［130］王元战,李蔚,黄长虹.墙体绕基础转动情况下挡土墙主动土压力分布[J].岩土工程学报,2003,25(2):208-211.

［131］王元战,唐照评,郑斌.墙体绕基础转动情况下挡土墙主动土压力分布[J].应用数学和力学,2004,25(7):695-700.

［132］蒋波.挡土结构土拱效应及土压力理论研究[D].杭州:浙江大学,2005.

［133］蒋波,应宏伟,谢康和,等.平动模式下挡土墙非极限状态主动土压力计算[J].中国公路学报,2005,18(2):24-27.

［134］赵占厂,杨虹,谢永利.基坑支护系统受力计算与动态监测[J].长安大学学报(自然科学版),2004,22(6):50-52.

［135］梁程,徐超.土工格室加筋土垫层路堤临界高度研究[J].岩土力学,2018,39(8):2984-2990.

［136］许伟强.土工格室柔性挡墙主动土压力计算方法研究[D].西安:长安大学,2010.

［137］王陆平.土工格室生态挡墙工程性状数值仿真分析[D].西安:长安大学,2004.

［138］赵明华,刘猛,龙军,等.双向增强复合地基土工格室加筋体变形分析[J].中国公路学报,2014,27(5):97-104,124.

［139］宋飞,谢永利,杨晓华,等.填土面作用荷载时土工格室柔性挡墙破坏模式研究[J].岩土工程学报,2013,35(S1):152-155.

［140］屈战辉,谢永利,袁福发,等.土工格室柔性挡墙极限主动土压力计算方法[J].交通运输工程学报,2010,10(1):24-28,35.

［141］张达德,张家豪,简大为,等.土工格室于砂土之承载能力及动态特性试验研究[J].岩土工程学报,2009,31(12):1833-1837.

［142］屈战辉,谢永利,杨晓华.柔性挡墙设计参数对土压力影响的数值分析[J].长安大学学报(自然科学版),2009,29(6):6-9.

［143］赵明华,张玲,邹新军,等.土工格室-碎石桩双向增强复合地基研究进展[J].中国公路学报,2009,22(1):1-10.

［144］药秀明,吴红兵,杨晓华.土工格室生态挡土墙工程应用研究[J].公路交通科技,2006,12:83-85.

［145］杨晓华,林法力.土工格室结构层抗变形性能模型试验[J].长安大学学报(自然科学版),2006,26(3):1-4.

［146］杨晓华,刘伟,张莎莎,等.温度变化对粗粒硫酸盐渍土路基变形影响分析[J].中国公路

学报,2020,33(3):64-72.

[147] 王辉辉.广元至陕川界高速公路新旧路堤搭接段变形性状研究[D].西安:长安大学,2011.

[148] 崔毓善,刘亚娟,杨晓华.桩筏体系在处治桥头跳车病害中的应用[J].筑路机械与施工机械化,2008,25(9):60-61,64.

[149] 俞永华,谢永利,杨晓华,等.土工格室柔性搭板处治的路桥过渡段差异沉降三维数值分析[J].中国公路学报,2007,20(4):12-18.

[150] 张宏光,谢永利.桥台柔性搭板的数值仿真[J].长安大学学报(自然科学版),2006,26(3):39-42.

[151] 俞永华,谢永利,杨晓华,等.路桥过渡段楔形柔性搭板处治技术[J].公路,2006,5:73-77.

[152] 牛思胜.黄土地区台后跳车柔性搭板处治技术研究[D].西安:长安大学,2006.

[153] 林法力.台后路基处治技术大比尺模型试验研究[D].西安:长安大学,2006.

[154] 陈艳平,赵明华,陈昌富,等.土工格室碎石垫层-碎石桩复合地基相似模型试验[J].中国公路学报,2006,19(1):17-22.

[155] 肖宏,罗强,邓江东,等.混凝土夯扩桩和土工格室加固铁路基床试验研究[J].岩土力学,2008,29(8):2157-2162.

[156] 赵明华,张玲,蒋德松.土工格室+碎石桩处治软土路基设计计算方法[J].公路交通科技,2008,25(4):47-51.

[157] 刘炜,汪益敏,陈页开,等.土工格室加筋土的大尺寸直剪试验研究[J].岩土力学,2008,29(11):3133-3138,3160.